Elena Schütt

Die jüngere Entwicklung des Tourismus in der Rureifel

AF153984

Elena Schütt

Die jüngere Entwicklung des Tourismus in der Rureifel

Strukturen und aktuelle Dynamik in der Stadt Heimbach

AV Akademikerverlag

Impressum / Imprint

Bibliografische Information der Deutschen Nationalbibliothek: Die Deutsche Nationalbibliothek verzeichnet diese Publikation in der Deutschen Nationalbibliografie; detaillierte bibliografische Daten sind im Internet über http://dnb.d-nb.de abrufbar.

Alle in diesem Buch genannten Marken und Produktnamen unterliegen warenzeichen-, marken- oder patentrechtlichem Schutz bzw. sind Warenzeichen oder eingetragene Warenzeichen der jeweiligen Inhaber. Die Wiedergabe von Marken, Produktnamen, Gebrauchsnamen, Handelsnamen, Warenbezeichnungen u.s.w. in diesem Werk berechtigt auch ohne besondere Kennzeichnung nicht zu der Annahme, dass solche Namen im Sinne der Warenzeichen- und Markenschutzgesetzgebung als frei zu betrachten wären und daher von jedermann benutzt werden dürften.

Bibliographic information published by the Deutsche Nationalbibliothek: The Deutsche Nationalbibliothek lists this publication in the Deutsche Nationalbibliografie; detailed bibliographic data are available in the Internet at http://dnb.d-nb.de.

Any brand names and product names mentioned in this book are subject to trademark, brand or patent protection and are trademarks or registered trademarks of their respective holders. The use of brand names, product names, common names, trade names, product descriptions etc. even without a particular marking in this work is in no way to be construed to mean that such names may be regarded as unrestricted in respect of trademark and brand protection legislation and could thus be used by anyone.

Coverbild / Cover image: www.ingimage.com

Verlag / Publisher:
AV Akademikerverlag
ist ein Imprint der / is a trademark of
OmniScriptum GmbH & Co. KG
Heinrich-Böcking-Str. 6-8, 66121 Saarbrücken, Deutschland / Germany
Email: info@akademikerverlag.de

Herstellung: siehe letzte Seite /
Printed at: see last page
ISBN: 978-3-639-84142-8

Inhalt

Abbildungsverzeichnis

Abkürzungsverzeichnis

bzgl.	bezüglich
DBV	Deutsche Bäderverband e.V.
d. h.	das heißt
dt.	deutsch(e)
et al.	„Et alia" – und andere
e. V.	eingetragener Verein
ha	Hektar
IT.NRW	Informationen und Technik Nordrhein-Westfalen
Jh.	Jahrhundert
LAGA	Landesgartenschau
mm	Millimeter
niederl.	niederländisch(e)
NLP	Nationalpark
NRW	Nordrhein-Westfalen
ÖPNV	öffentlicher Personennahverkehr
PLZ	Postleitzahl
o. A.	ohne Autor
o. J.	ohne Jahr
RUR	RadUferRurweg
RWE	Rheinisch-Westfälisches Elektrizitätswerk
s. Abb.	siehe Abbildung
u. a.	unter anderem
WIZE	Wasser-Info-Zentrum Eifel
z. B.	zum Beispiel
ca.	circa
bzw.	beziehungsweise
sog.	sogenannt
WVER	Wasserverband Eifel-Rur
z. T.	zum Teil

1. Einleitung

„Die kleine, groß gewordene Eifel

Früher war die Eifel klein,

fast keiner wollte Eifler sein.

Als rheinisches Sibirien ein vergessenes Land,

bis heute von vielen noch immer verkannt.

Das Einst und Früher will man vergessen,

heute tut man anders messen.

Leider dies Kleinod, was lange versteckt,

ziemlich spät nun doch entdeckt.

Über die Mosel bis hin zum Rhein,

selbst ins Benelux hinein,

Aachen, Köln, bis hinter Trier,

zählt das „Eifel-Groß-Revier."

Die Eifel wird nun bald zu klein,

weil alle wollen Eifler sein.

Neue Parks und Umweltzonen,

für Touristen: Attraktionen.

Will vermarkten im großen Stil,

tut des Guten nicht zu viel!

Wie Gott sie schuf die Eifel klein,

lass die Eifel Eifel sein(…)."

(Schmitz 2006:12)

Dieser Ausschnitt eines Gedichts von Josef Schmitz beschreibt anschaulich die Entwicklung und den gegenwärtigen Status der Eifel als Destination, die man gleichfalls auf eine Teilregion dessen, der im Norden liegenden Rureifel übertragen kann. Galt diese Region in früherer Zeit aufgrund der Landschaft noch als *preußisches Sibirien* mit Verleugnungen der eigenen Bevölkerung bzgl. der eigenen Heimat (Silberer 2010), ist sie heutzutage zunehmend touristisch erschlossen und nachgefragt. Vor allem die Besucher aus den umliegenden Ballungsräumen und Nachbarländern reisen aufgrund der Nähe zur einmaligen Natur und Wildnis zunehmend in die Rureifel (o. A. 2014b). Da ist das Bangen von Schmitz nicht erstaunlich, die Eifel würde infolge des stetigen Interesses hieran eines Tages überfüllt sein, denn angesichts der ansteigenden Nachfrage wird das vorhandene Angebot stetig durch neue Investoren und neue Errichtungen erweitert. Im nördlichen Teil, der Rureifel, ist dieser Prozess erkennbar; so ist hierbei die Stadt Heimbach, mit 4.400 Einwohnern die zweitkleinste Gemeinde Nordrhein-Westfalens, zu nennen (Dux 2011:119). Dort nimmt der Tourismus in der neuzeitlichen Entwicklung einen zentralen Stellenwert ein, denn zunehmend reisen Besucher angesichts der unmittelbaren Nähe zur Natur und Landschaft nach Heimbach (Kirch 2014). Dahingehend ist es nicht verwunderlich, dass neue Investoren ihren Blick zunehmend in die Rureifel richten, wie anhand des neuesten Projekts eines niederländischen Unternehmens, das Ferienresort Eifeler Tor in Heimbach, offenkundig wird (Jansen 2014:9). In diesem Falle ist ein weiteres Phänomen der (Rur-)Eifel erkennbar: Das steigende Interesse der Niederländer an der Region (van der Heijden 2014). Doch warum siedelte sich das Unternehmen gezielt in Heimbach an und nicht an einem anderen Standort in der Rureifel? Wie verlief generell die touristische Entwicklung der Stadt Heimbach in der Rureifel? Und wie sind die dortigen Gegebenheiten strukturiert? Diese und weitere Fragen werden in der nachfolgenden Analyse versucht zu beantworten.

Neben allgemeiner Forschungsliteratur zur Thematik des Tourismus dienten hierfür spezielle Abhandlungen über Heimbach und die dortigen Elemente. Ferner war der direkte Kontakt mit den Touristen mittels einer eigenständig angefertigten Umfrage in der Stadt unumgänglich (Stichprobenumfang hierbei 56 Personen). Im Hinblick auf die Angebotsseite dienten Interviews mit unterschiedlichen Akteuren aus

2

jeweiligen Branchen, die mit dem Tourismus verknüpft sind. Dahingehend konnte ein umfassender Einblick gewährt und eventuelle Probleme des Tourismus in Heimbach ersichtlich werden.

Vorweg bedarf es des Weiteren eines kurzen Blickes hinsichtlich des Aufbaus der Arbeit: Nach der Einleitung folgt zunächst die Thematik des Destinationsbegriffes und der Rolle der Destination Rureifel im Hinblick auf den touristischen Wettbewerb. Bevor das vorhandene Potenzial der Stadt Heimbach näherliegend dargelegt werden kann, folgt die Entwicklung Heimbachs als touristische Destination. Hieran schließt sich die Analyse des gegenwärtigen Potenzials, das Vorhandensein von ursprünglichem und abgeleitetem Angebot, der Region an. Das nächste Kapitel thematisiert das jüngste Projekt in Heimbach, die Erbauung des Ferienresort Eifeler Tor, und die prinzipielle Faszination Eifel für niederländische Besucher. Aktuelle Probleme und die touristische Entwicklungsperspektiven der Stadt Heimbach werden darauffolgend thematisiert. Im letzten Kapitel werden schließlich alle Ergebnisse zusammengefasst und ein Fazit dessen gezogen.

2. Die Tourismus-Destination Rureifel

Bevor auf das vorhandene Potenzial und die Entfaltung Heimbachs als Destination angeknüpft werden kann, bedarf es zunächst einer bündigen Definition des Destinationsbegriffes sowie die Rolle der Destination Rureifel innerhalb der deutschen Mittelgebirgslandschaft.

2.1 Was ist eine Tourismus-Destination?

Der Begriff der Destination wird insbesondere in der neuzeitlichen Forschungsliteratur zunehmend verwendet (John-Grimm 2006:19) und meist die bündige Definition von Bieger wiedergegeben: Als Destination wird hier oftmals der „geographische Ort" benannt, welcher der „jeweilige Gast (oder Gästesegment) als Reiseziel auswählt. Sie enthält sämtliche für einen Aufenthalt notwendige Einrichtungen für Beherbergung, Verpflegung, Unterhaltung/Beschäftigung. Sie ist damit das eigentliche Produkt und die Wettbewerbseinheit im Tourismus, die als strategische Geschäftseinheit geführt werden muss" (Bieger 1996:74). In Bezug auf die Größe einer Destination kann dies eine Stadt, Gemeinde, Region, ein Land oder ein privatwirtschaftliches Unternehmen (z. B. ein Themenpark) sein, die vom Nachfrager und den damit verknüpften Interessen erst als jeweilige Destination statuiert wird (Steinecke 2013:14). Die Abgrenzung von Destinationen erfolgt meist nach geographischen Räumen oder administrativen Einheiten. Diese Maßnahme stellt sich in vielen Fällen als komplexer heraus, da oftmals Destinationen über Grenzen oder Räume hinausgehen und daher innerhalb dieser unterschiedlich vermarktet werden. Dies ist gleichfalls im Hinblick auf die Destination Eifel zu sehen, die sich zum einen zwischen zwei Ländern (Belgien und Deutschland), zum anderen über zwei Bundesländern (NRW und Rheinland-Pfalz) erstreckt und vermarktet wird (Scherhag 2003:11-12).

Damit jedoch ein Raum als Destination bezeichnet werden kann, müssen hier jeweils bereits zuvor Faktoren gegeben sein, die jeweils für die Kunden als interessant und anziehend erachtet werden: Zum einen natürliche und geschaffene Attraktionen, die

4

die jeweilige Attraktivität der Destination verkörpern; zweitens die sogenannten Annehmlichkeiten, d. h. jegliche Einrichtungen, die für einen ausgedehnten Aufenthalt notwendig sind, sowie drittens die Anreisemöglichkeiten bzw. die Verkehrsinfrastruktur für einen direkten Zugang zur Destination (Freyer 2001:180-181).

2.2 Die Destination Rureifel innerhalb der deutschen Mittelgebirgslandschaft

Deutschland bietet ein breites Spektrum an unterschiedlichen, touristischen Zielräumen, die mit ihren verschiedenen Landschafts-, Kultur- und infrastrukturelle Elementen Potenzial für die Entfaltung als Destination besitzen. In diesem Fall wäre die Mittelgebirgslandschaft zu nennen, welche vor allem bei Naherholungssuchenden und Kurzurlaubern gefragt ist und aufgrund des abwechslungsreichen Potenzials im Hinblick auf die landschaftlichen Elemente sich auf dem touristischen Markt differenziert anbieten kann (Dettmar 1998:41-42).

In Bezug auf die Destination Rureifel und Heimbach ist dies partiell zu bestätigen. Mit der flächenhaften Erstreckung von Wald-, Wiesen- und Wasserflächen bietet sie zwar abweichende naturräumliche Elemente innerhalb der touristischen Konkurrenz (Erdmann/Pfeffer 1997:1-2), hingegen sind diese in anderen Mittelgebirgsregionen, wie z. B. im Sauerland, gleichfalls gegeben, sodass die Rureifel hier in einen Wettbewerb um Reisende eintritt. Hinzukommt, dass in der Rureifel, und vor allem in Heimbach, aufgrund des Klimas im Gegensatz zum Sauerland kein Wintersport möglich ist (Gläser 1970:15-16).

Um dennoch im touristischen Markt zu bestehen, sind weitere Diversifizierungsmaßnahmen notwendig, die die jeweilige Region mittels neuwertiger Anziehungsfaktoren von anderen abhebt (Steinecke 2013:44). Hier wäre unter anderem die Gründung des einzigen Nationalparks NRWs zu nennen:

Der Nationalpark Eifel in Mitten der Rureifel und am Rande Heimbachs, der ebenfalls aufgrund des Status Nationalpark ein wesentliches Qualitätssiegel für die dortige Natur bietet und somit ein wesentlicher Anziehungsfaktor für den gegenwärtigen Tourismus der Destination Heimbach bildet (Lorbach 2002:70).

Eine weitere Maßnahme im Hinblick auf die Diversifizierung ist die Marketingmaßnahme bzgl. der Einrichtung einer Regionalmarke, die wesentlich mit der Einrichtung eines prägnanten Logos den Bekanntheitsgrad der Destination steigert und „eine feste emotionale Bindung zwischen Konsument und Produkt bzw. zwischen Touristen und der Region" bildet (John-Grimm 2006:47). Dahingehend schlossen sich die Stadt Heimbach, sowie die Gemeinden Hürtgenwald, Kreuzau und Nideggen im Kreis Düren unter der touristischen Marke und Verband *Rureifel* (s. Abb. 1) zusammen, um mittels dieses Schrittes die stagnierende Entwicklung erneut zu beleben (Kirch 2006:25, Wendt 2012:8).

Abbildung 1: Die Marke Rureifel (Quelle: Kreis Düren o. J.)

3. Die Entfaltung Heimbachs zu einem touristischen Anziehungspunkt

Die Entwicklung der Stadt Heimbach zu einer touristischen Destination ist eng mit dem Status Heimbachs als Wallfahrtsort verknüpft (Gläser 1970:146). Nachdem zunächst das Kloster Mariawald als das Zentrum des Pilgertums in der Rureifel angesehen werden konnte (Dux 2011:121), folgte 1804 mit der Säkularisation und die damit verbundene Aufhebung des Klosters ein Wandel hin zu Heimbach. Dies ist der Tatsache geschuldet, dass das Ziel der Pilger, das Gnadenbild der Schmerzhaften Mutter Gottes, infolge der Aufhebung des Klosters zur Pfarrkirche nach Heimbach überführt wurde (Daheim/Schmitz 1987:11). Angesichts der hohen Anzahl von Wallfahrern entstanden dahingehend die ersten Herbergen in der Stadt (Gläser 1970:146).

Der konkrete Beginn des Tourismus in Heimbach kann mit der Verbindung an das Schienennetz zu Beginn des 20. Jh. angesehen werden, da Besucher den ersten Anreiz bekamen, in einfachster Weise nach Heimbach zu reisen (Dux 2011:120). Für die touristische Anziehung Heimbachs spielte vor allem der im Jahr 1888 gegründeten Eifelverein und die „Entdeckung der Eifel" eine Rolle sowie primär die 1904 erbaute Urfttalsperre, welche lediglich mittels der Zugverbindung und eines Fußmarsches ab Heimbach auf schnellstem Wege zu erreichen war (Daheim/Schmitz 1987:12-13). Weiteren Anreiz erhielt Heimbach mit der Errichtung der Rurseestaumauer in Schwammenauel Mitte der 1930er Jahre, da nun die Kombination aus umliegender Waldlandschaft und der ruhenden Wasserflächen enorme Anziehungskraft für Touristen als Erholungsgebiet ausübten (Stadt Heimbach o. J.c). Diese positive Entwicklung wurde jedoch durch die rund 80%e Zerstörung der Stadt kurz vor Ende des Zweiten Weltkriegs gravierend zurückgeworfen (Schreiber 1991:48). Die Nachkriegszeit war somit zunächst durch den Wiederaufbau der Wohnhäuser und weiterer Gebäude geprägt; hierbei konzentrierte sich die Stadt aufgrund der fehlenden Industrie sogleich auf das Potenzial zur Entwicklung einer Destination mittels der Errichtung touristischer Einrichtungen. Mit dem vollständigen Ausbau der Rurseestaumauer in den 50er Jahren und der damit anwachsenden Attraktivität gingen die Erweiterung des Verkehrsnetzes und der weitere Ausbau von Beherbergungsmöglichkeiten einher (Gläser 1970:147); die Bedeutung Heimbachs als aufsteigende Destination wird in der erneuten Verleihung der Stadtrechte augenscheinlich (Daheim/Schmitz 1987:14). Hierbei war gleichfalls das Vorhandensein weiterer vielseitiger kulturgeografischer und –historischer Faktoren (z. B. Burg Hengebach oder das Jugendstilwasserkraftwerk), die für Touristen von Belang sind, effizient (Schreiber 1991:48). Die 1960er und 70er Jahre konnte dahingehend als die Blütezeiten des Tourismus in der Stadt Heimbach angesehen werden. Im Verlaufe der 80er Jahre, insbesondere ab den 90er, folgte angesichts des veränderten Reiseverhaltens und Interessenslagen der schrittweise Niedergang dessen: Heimbach galt nicht mehr als Haupturlaubsziel, sondern entwickelte sich zurück zu einer Kurzurlaubsdestination (Kirch 2014) und trotz der attraktiven

Landschaft und den damit verbundenen Möglichkeiten zur Freizeitgestaltung in der gesamten Rureifel blieben die Übernachtungszahlen stetig aus (Rückgang um 37 %). Um diesen negativen Trend entgegenzuwirken, entwickelten die jeweiligen Verwaltungsebenen der Region verschiedene Maßnahmen: Zum einen professionalisierte man 2001 den touristischen Auftritt der Rureifel u. a. mit dem Zusammenschluss von Kommunen, Vereinen sowie weiteren touristischen Leistungsträgern aus dem oberen Rurtal zum *Rureifel-Tourismus e. V.* Hier standen Maßnahmen zur signifikanten Außendarstellung durch gemeinsame Informationsmaterialien sowie Internetauftritt und die Einrichtung einer zentralen Anlauf- mit weiteren dezentralen Servicestellen im Blickfeld (Kirch 2006:24-25). Zum anderen folgten Entwicklungen bzgl. weiterer touristischer Produkte sowie zum Marketing (Kirch 2014). Ein wesentlicher Schub erlangte die Rureifel und Heimbach mit der Gründung des *Nationalparks Eifel* 2004, der in der Bevölkerung kontrovers thematisiert wurde, letztlich jedoch zur Regional- und Tourismusförderung beigetragen hat. Gleichzeitig erfolgte durch den Nationalpark die Intensivierung der bereits vorhandenen Infrastruktur sowie der Wander- und Radwege. Das Ergebnis dieser Handlungsweisen war infolgedessen der abermalige Zuwachs der Besucherzahlen seit 2003/2004 in der Region (Kirch 2006:26-27). Weitere Projekte im Hinblick auf neue Übernachtungsmöglichkeiten war die Errichtung des Nationalpark-Gästehauses im Heimbacher Stadtteil Hergarten und das seit 2014 eröffnete Ferienresort Eifeler Tor in Heimbach-Schwammenauel (Kirch 2014), mit dem großen Erwartungen hinsichtlich einer weiteren positiven Entwicklung Heimbach einhergehen.

4.   Touristisches Angebotspotenzial und Nachfrageentwicklung

Damit eine Stadt, Region oder ein Land für Touristen als anziehend für einen Besuch oder längere Reise wirken, müssen zunächst touristisch attraktive Faktoren gegeben sein. Bzgl. dieses Angebots ist hierbei zwischen zwei großen Gruppen zu unterscheiden: Zum einen ist dies das ursprüngliche Angebot (Schmude/Namberger 2010:30): das Potenzial einer Ortschaft, Region oder eines Landes aufgrund der bereits vorzufindenden Ausstattung (Füth/Füth 2001:87). Die zweite Gruppe umfasst das sog. abgeleitete Angebot, das „all jene Objekte und Leistungen, die speziell im Hinblick auf die touristischen Bedürfnisbefriedigung entstanden sind bzw. betrieben werden" einschließt (Müller 2002:127).

4.1 Das ursprüngliche Angebot

Zum ursprünglichen Angebot werden zunächst die natürlichen Faktoren, wie z. B. das Klima, die Oberflächengestalt und die Flora und Fauna zugeordnet (Wolf/Jurczek 1986:44). Ebenfalls können soziokulturelle Aspekte in den potenziellen Tourismus-Destinationen als attraktiv für Touristen gelten. Hierunter werden u. a. Brauchtümer und Sitten, die Sprache, die Mentalität oder Denkmäler als anziehende Faktoren gefasst (Freyer 2001:178). Eine weitere Kategorie des ursprünglichen Angebots umfasst die allgemeine Infrastruktur (u. a. die verkehrsbezogene Gegebenheiten) (Müller 2002:127).

4.1.1 Die topographische Lage

Die Topographie einer Destination spielt eine relevante Bedeutung in der touristischen Entwicklung, da die jeweilige Landschaftsgestaltung unterschiedliche Anziehung auf Besucher haben kann. Speziell die abwechslungsreiche Beschaffenheit einer Destination nimmt hinsichtlich der Attraktivität für Touristen zentrale Wichtigkeit ein: Hierzu bilden prinzipiell Wasserflächen und bergige Landstücke „die Grundelemente der Fremdenverkehrslandschaft" (Geigant 1973:74). Diesbezüglich ist die Stadt Heimbach umfassend ausgestattet und vielfältig strukturiert. Als Standort innerhalb des Rurtals sind angesichts der unterschiedlichen Anteile der Stadt an der Landschaftsstruktur im Raum Heimbach Höhen zwischen 190 m ü. NN und 525 m ü. NN zu verzeichnen; in diesem Fall befindet sich die Stadt selbst im oberen Rurtal, im Norden überwiegen die Hochflächen von Hürtgenwald und im Süden die des Kermeters. Im Osten ist das Vlattener Hügelland als Teil der Mechernicher Voreifel vorzufinden. Landschaftlich ist annähernd die Hälfte des gesamten Raums Heimbachs mit einer geschlossenen Waldfläche bedeckt (48 %), hinzukommen 6 % Wasserflächen, die großenteils vom nahe gelegenem Rursee und dem Staubecken Heimbach ausgehen. Dahingehend sind „kontrastierende wie ergänzende Landschaftselemente" vorhanden, die jeweils für die touristische Entwicklung dessen entscheiden sind. In diesem Sinne gibt gleichfalls über die Mehrheit der Besucher an, aufgrund der Natur und Landschaft und zur Entspannung nach Heimbach zu reisen (Schreiber 1991:47, siehe Abb. 10).

Neben der landschaftlichen Gestaltung besitzt ebenfalls die Nähe zu Ballungsräumen hinsichtlich des Naherholungsverkehrs einen gesonderten Stellenwert, da vor allem der Kurzurlaub und Tagesausflugsverkehr in Heimbach überwiegt, der jedoch in seiner zeitlichen Reisedauer eingeschränkt ist (van der Heijden 2014). Hierbei ist Heimbach in gleicher Weise privilegiert: So befinden sich die nächst größeren Städte mit Düren rund 25 km, Aachen und Köln ca. 45 km sowie z. B. Bonn mit nur 100 km in relativer Nähe (Schreiber 1991:50). Im

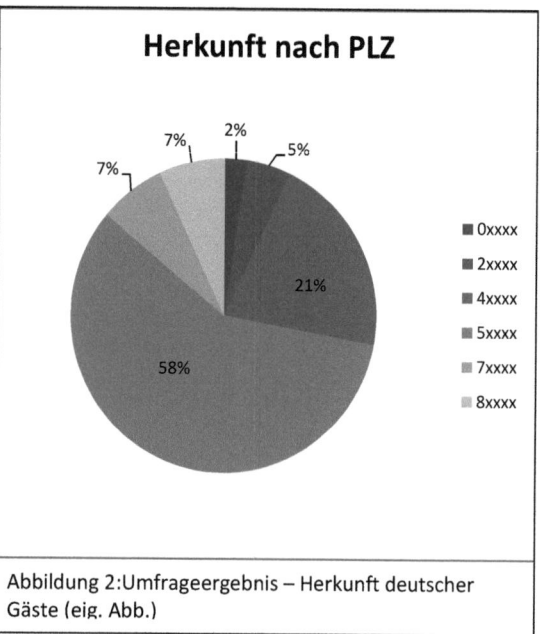

Abbildung 2:Umfrageergebnis – Herkunft deutscher Gäste (eig. Abb.)

Allgemeinen lässt sich sagen, dass das Haupteinzugsgebiet deutscher Reisender die Regionen der Postleitzahl 4 und 5 umfasst (Kirch 2014, s. Abb. 2).

4.1.2 Das Klima – Der Status des Luftkurortes

Neben der topografischen Lage eines Ortes, Region oder eines ganzen Landes, sind ebenfalls die klimatischen Voraussetzungen für die Entwicklung als Destination von essenzieller Bedeutung (Gläser 1970:10); primär bei Touristen, die aus den

Ballungsräumen zur Erholung nach Heimbach strömen, ist ein aufbauendes Klima für das leibliche Wohlbefinden wesentlich (Geigant 1973:83).

Heimbach liegt am nördlichen Rand des Nationalparks Eifel und somit im „gemäßigte, immerfeuchten (humiden), noch stark vom Atlantik (sub-ozeanisch) geprägten Klimabereich Mitteleuropas, der ganzjährig vornehmlich durch westliche Winde mit durchziehenden Tiefdruckgebieten gekennzeichnet ist" (Claßen 2006:29). Merkmal hierbei sind die milden Winter und die relativ kühlen Sommermonate, wobei in diesem Falle noch Unterschiede innerhalb der Region und somit ebenfalls in Heimbach zu verzeichnen sind. Infolge der nach Norden nachlassenden Meereshöhe und des im Westen befindlichen Höhenzugs des Venns und der damit im Nordosten des Nationalparks vorzufindenden Leeseite, befindet sich Heimbach im Raum, der die höchsten Durchschnittstemperaturen und niedrigsten Niederschlagsmengen innerhalb der Rureifel vorzuweisen hat. Primär die Tallage Heimbachs ist für die Stadt in Konkurrenz mit anderen touristischen Mittelgebirgsortschaften von Vorteil, da hier neben der positiven Mitteltemperatur ebenfalls die Winde in einer geringen Aktivität zu verzeichnen sind (Vellen 1987b:105-106). Der Nachteil vom ganzjährig milden Klima ist jedoch, dass in Heimbach die Winter mit geringen Schneefällen relativ mäßig ausfallen. Folglich ist dort im Gegensatz zu anderen Standorten in der Rureifel kein Wintersport im vollen Maße möglich. Diesbezüglich ist in Heimbach eine starke Saisonalität auf die warmen Monate zu verzeichnen, die jedoch die touristischen Unternehmen im Bezug zur Auslastung und zum nötigen Personal vor Problemen stellt (Gläser 1970:15-16).

Dessen ungeachtet ist die Luft in Heimbach, angesichts des Fehlens von Industrie und den umliegenden Wäldern, die die Luft von Staub befreien, sehr rein (Geigant 1973:84). Demgemäß erfolgte am 12. September 1974 die Ernennung Heimbachs zum staatlich anerkannten Luftkurort (Stadt Heimbach o. J.c). Hierbei steht Heimbach in Konkurrenz zu weiteren insgesamt rund 270 touristische Standorte, die ebenfalls zu Luftkurorten ernannt wurden (Füth/Füth 2001:86). Mit Heimbach und Monschau finden sich lediglich zwei Luftkurorte in der Region (IT.NRW 2013:85). Luftkurorte sind in Deutschland vor allem in den Mittelgebirgsregionen und

11

Alpenräumen vorzufinden, „die neben entsprechenden Ortscharakter & Lage in schöner Landschaft auch wissenschaftlich anerkannte Klimavoraussetzungen aufweisen" (Ritter/Frowein 1992:46). Nach dem DBV umfasst der Begriff der Luftkurorte, diejenigen „Orte mit wissenschaftlich anerkannten und durch Erfahrung bewährten klimatischen Eigenschaften, artgemäßen Kureinrichtungen und entsprechendem Kurortcharakter" (Schröder 1998:207).

Da das Klima in Heimbach sich wesentlich vom Kontinentalklima unterscheidet, ist dies für einen Klimawechsel und einen Besuch hierfür von Vorteil. Hinzu kommt angesichts der Temperaturschwankungen von Tag und Nacht und den Einflüssen von Sonne und Wind das Reizklima, das hauptsächlich für Herz- und Kreislauferkrankungen hilfreich sind (Vellen 1987b:106). Im Hinblick auf den Kurstatus ist der Kurpark im Süden der Stadt entstanden, der neben eine Vielzahl von Schrebergärten, das Haus des Gastes mit einem Bistro und die Stadtbücherei umfasst. Im Bereich unterhalb der Burg befindet sich ebenfalls neben einem Spielplatz ein Musik-Pavillon für regelmäßige, sommerliche Kurkonzerte (Schreiber 1991:48).

4.1.3 Der Nationalpark Eifel– *Natur Natur sein lassen*

Wie bereits angemerkt besaß insbesondere die Errichtung des Nationalparks am 1. Januar 2004 eine bedeutungsvolle Rolle bzgl. des Wettbewerbs mit anderen Mittelgebirgsdestinationen und der zunehmenden Übernachtungszahlen. Wie ebenfalls aus der Umfrage hervorgeht, reist eine Vielzahl an Besucher in die Region um ihren Aufenthalt mit dem Besuch des Nationalparks zu verknüpfen, (s. Abb. 3).

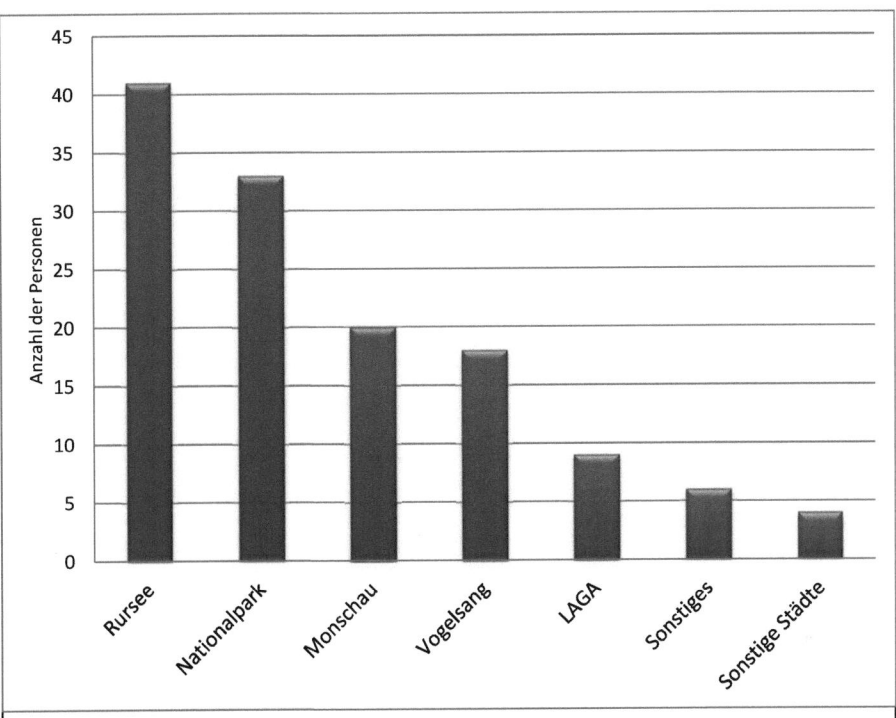

Abbildung 3: Umfrageergebnis – Kombinieren Sie Ihren Aufenthalt mit weiteren Angeboten in der Umgebung?

Die Idee der Errichtung eines Nationalparks entwickelte sich bereits 2001 nach der Aufgabe des belgischen Truppenübungsplatzes Vogelsang, einer ehemaligen Ordensburg der Nationalsozialisten, und den Überlegungen zur Folgenutzung der damit freigewordenen Fläche (Woike et al. 2002:19). Im Vordergrund stand zunächst der Schutz und Erhalt der Natur in der Region rund um den Truppenübungsplatz und die Rückkehr dessen zur ursprünglichen Gestaltung: Da der Großteil der Räume in Mitteleuropa und Deutschland großflächig vom Menschen für wirtschaftliche Absichten eingenommen wurde, wurde somit im gleichen Maße die vorhandene Flora und Fauna wesentlich umstrukturiert (Pardey/Röös 2006:37). Diesbezüglich wären insbesondere die Buchen- sowie weitere Laubwälder zu nennen, welche zunächst die Eifel beherrschten und als Merkmal dessen galten. Infolge des weitläufigen Eingreifens des Menschen zur Gewinnung von Holzkohle fielen sie Rodungen zum Opfer und die abgeholzten Flächen dienten daraufhin der Landwirtschaft

(Landesbetrieb Wald und Holz NRW 2008:5). Zu Zeiten der Zugehörigkeit der Eifel zu Preußen erfolgte eine erneute Aufforstung mit schnellwachsenden Baumarten, wie ursprünglich der in der Eifel nicht beheimateten Fichte (Pardey/Röös 2006:37). Dieser Bestand der noch erhaltenen Fichten weicht zusehends dem erneuten Wachstum von Buchenwäldern, die bis 2034 erneut rund 75 % des Baumbestandes ausmachen sollen (Schwieren-Höger 2007:10).

Für die Ausweisung als Nationalpark sind zunächst Kriterien vorgegeben: Mit der Fläche von rund 11.000 ha zu Beginn ist die vergebene Mindestfläche von 6.000 bis 8.000 ha weit überschritten. Ein weiterer Faktor ist die Existenz von wertvollen Biotopen mit schützenswerter Flora und Fauna (Woike et al. 2002:22-25), die ebenfalls im Nationalpark gegeben ist. Zu nennen wäre bzgl. der Pflanzenwelt u. a. die gelbe Narzisse, deutsche Hundszunge sowie geflecktes Knabenkraut; im Tierreich sind dies u. a. Wildkatzen, Mauereidechsen und weitere Vogelarten wie der Uhu (Schwieren-Höger 2007:13).

Neben dem vorrangigen Schutz der Flora und Fauna sind dennoch untergeordnete, anthropologische Endzwecke mit dem Nationalpark verknüpft (Landesbetrieb Wald und Holz NRW 2008:32). Bzgl. des Tourismus ist die Erholung sowie das stille Erleben und Kennenlernen der Flora und Fauna das wesentliche Ziel. Hierbei ist vor allem das Wandern das zentrale Element zur Erkundung und Beschäftigung im Nationalpark, gefolgt vom Fahrradfahren (Landesbetrieb Wald und Holz NRW 2012:20). Für diesen Zweck wurde das Wegenetz dahingehend in der Anfertigung und Führung stets den natürlichen Gegebenheiten und an weitere Anknüpfungspunkten wie Parkplätzen abgestimmt, in dem nicht mehr benötigte Forstwege hierfür umstrukturiert wurden (Landesbetrieb Wald und Holz NRW 2008:34-35). Zur intensiven Kenntnis der Flora und Fauna des Nationalparks werden zudem fast täglich unterschiedliche, bei den Besuchern zunehmend frequentierte Ranger-Führungen angeboten, die sich an alle Bevölkerungsgruppen richten und den Besucher die Natur näher bringen. (Landesbetrieb Wald und Holz NRW 2012:35). Gleichfalls wurde darauf bedacht, den Nationalpark für jegliche Besuchergruppe zugänglich zu machen: Mit der Errichtung barrierefreier Angebote ist der

Nationalpark ebenfalls für Menschen mit Behinderung erreichbar (Schwieren-Höger 2007:23-24). Für Heimbach und im Hinblick auf die barrierefreie Gestaltung ist der Erlebnisraum Wilder Kermeter von Bedeutung. Dieser Raum, eines der Herzstücke des Nationalparks (Gossen 2011:31) erstreckt sich zwischen Rur- und Urftsee und nimmt „auf verhältnismäßig kleinem Raum fast alle natürlichen Waldgesellschaften unserer Heimat" ein (Vellen 1987a:85). In diesem Erlebnisraum wurde ein 6 km langes Wegenetz mit zwei Aussichtspunkten und umfassenden Informationsmöglichkeiten errichtet, die geh- und sehbehinderten gerecht gestaltet wurden; Für gehörlose Besucher ist zudem die Mitnahme von Videoabspielgeräte möglich (Gossen 2011:31).

4.1.4 Die Talsperren-Landschaft der Rur

Ein weiterer, bedeutsamer Anziehungspunkt für die Touristen (s. Abb. 3) und ein Merkmal der Rureifel sind die Talsperren, welche vor allem zu Beginn des 20. Jh. und in den 1930er Jahren erbaut wurden (Kroener 1977:44). In der Vorzeit war der die Region prägende Fluss Rur „ein völlig ungebändigtes Kind der Eifel", der die anliegenden Ufern häufig weitläufig überflutete und die anliegenden Siedlungen wie Heimbach zerstörte (Schramm 1987: 95). Um diesen Naturkatastrophen Einhalt zu bieten, folgten zum Ende des 19. Jh. vermehrt Überlegungen und Planungen bezüglich des Baus von Talsperren (o. A. 1908:5).

Neben dem Hochwasserschutz, der vor allem im Spätwinter und Frühling nötig war, sind weitere Gründe für die Erbauung solcher Staudämme relevant: Im gleiche Maße dienen Talsperren dem Niedrigwasserausgleich (Gemünd 1953:12), denn abgesehen von den Hochwasserperioden sind die Sommermonaten oftmals von trockenzeitliche Perioden geprägt (Pfeifer et al. 2003:86). Mit der Errichtung der Talsperren können diese Fließunregelmäßigkeiten reguliert werden (Polczyk 1999:65). Ebenfalls bedingt der Bau von Staumauern einen Abnehmer in wirtschaftlich vertretbarer Entfernung, welche mit dem Dürener und Aachener Raum gegeben ist (Kroener 1977:44). Hier nahmen die ausweitende Industrialisierung v. a. in der Papier- und Textilindustrie und der damit steigende Wasserbedarf eine zentrale Rolle ein; aufgrund der

Notwendigkeit eines regulierten und regelmäßigen Wasserflusses war diese Interessengruppe der Errichtung von Staumauern im Besonderen aufgeschlossen (Brands 2006:49). Hinzu kam die ebenfalls zunehmende Nachfrage nach Trinkwasser infolge der anwachsenden Bevölkerungszahl (Pfeifer et al. 2003:86). Weiteren Nutzen der Talsperren folgt aus der Stromerzeugung durch Wasserenergie; hierfür wurden zwei Wasserkraftwerke, jeweils in Schwammenauel und Heimbach, errichtet (Brands 2006:49). Die Nutzungsmöglichkeiten und Abnehmer sind demzufolge gegeben.

Zur Errichtung solcher Baumaßnahmen sind gleichfalls topographische und geomorphologische Voraussetzungen wesentlich, die einen Bau erst ermöglichen. Diesbezüglich ist die Rureifel im Besonderen geeignet: Einerseits ist das Einzugsgebiet der Flüsse, die in der Rureifel strömen, mit Mengen von bis zu 1.200 mm/Jahr reich an Niederschlag (Kroener 1977:44); andererseits gestalteten sich in der Rureifel aufgrund der fluvialen Kräfte der frühzeitlichen Rur Talformen, die eine Errichtung von Staumauern oder –dämmen begünstigten: Mit Talengen, die sich als Standort des Staudammes anbieten und mit weiten Talböden oberhalb solcher Engstellen als Staufläche (Schatz 1963: 255). Ferner besteht der Untergrund des Rurtals großenteils aus Tonschiefer, der eine hohe Wasserundurchlässigkeit aufweist (Pfeifer et al. 2003:86). Zur Gewinnung von Strom durch Wasserkraft ist obendrein ein Gefälle erforderlich, welches gleichfalls in der Rureifel vorhanden ist (Kroener 1977:44).

Aufgrund der gesamten Nutzungsmöglichkeiten und Voraussetzungen sind heutzutage insgesamt sechs Stau-Anlagen in der Rureifel vorzufinden (Brands 2006:45). Für die Destination Heimbach, besitzt hauptsächlich die Errichtung der Staumauer von Schwammenauel (s. Abb. 4) im Südwesten der Stadt und der damit entstandene Rursee, der größte Stausee der Region, einen zentralen Stellenwert. Mit dem Vollausbau Mitte der 50er Jahre (Kroener 1977:44) und dem daraus folgenden gestiegenen Fassungsvermögen von nun 202,6 Mio. m³ ist sie heutzutage (nach der Bleilochtalsperre in Thüringen) die zweitgrößte Talsperre Deutschlands (Brands 2006:49). Beim Bau der Talsperren wurde stets darauf bedacht, diese Errichtungen

16

innerhalb der bestehenden Natur mit einzufügen, in dem u. a. dort vorhandenes Material verwendet wurde (Schatz 1963:260).

Noch vor der Errichtung der Rurtalsperre erfolgte unmittelbar in der Nähe des Heimbacher Stadtkerns die Errichtung des Staubeckens Heimbach, das 1934-35

Abbildung 4: Die Rurtalsperre (Quelle: WVER o. J.)

erbaut wurde (Polczyk 1999:67). Dieses wurde errichtet um „mit dem in ihm aufgespeicherten Wasser den Vorrat des nördlich von Nideggen gelegenen Beckens von Obermaubach [zu] ergänzen und aus[zu]gleichen" (Gemünd 1953:13). Dessen ungeachtet bietet es angesichts der dortigen Natur mit Wald und Wasser ebenfalls weitere Attraktivität für die Destination Heimbach und ermöglicht weitere Freizeitaktivitäten wie z. B. eine ansprechende Rundwanderung oder Tretbootfahren (Schmitz 2002:49-50).

Für das Wasserkraftwerk in Heimbach hingegen ist vor allem die Urfttalsperre von Belang, da das Wasser für das Kraftwerk aus dieser Talsperre stammt, die durch eine Stolleninstallation unterhalb des Kermeter mit dem Kraftwerk verbunden ist (o. A. 1908:10). Die Urfttalsperre war als Regulierung der Rur-Zuflüsse Urft und Olef bereits 1904 errichtet worden und umfasste einen Stauinhalt von 45,5 Millionen m³

(Gemünd 1953:11). Da die Urfttalsperre inmitten des Nationalparks Eifel liegt, besitzt hier der Naturschutz Vorrang; entsprechend sind Aktivitäten hinsichtlich des Wassersports nicht gestattet (Brands 2006:52).

4.1.5 Verkehrsinfrastrukturellen Gegebenheiten – Straßenverbindungen, die Rurtalbahn, weiterer ÖPNV

Im Hinblick auf die Verkehrsinfrastruktur ist Heimbach sehr aufgeschlossen, sodass die Stadt mit sämtlichen Verkehrsmitteln gut zu erreichen ist (Verein zur Förderung des Hotel- und Gastgewerbes e. V. 1969:188). In der Wahl des Reiseverkehrsmittels besitzt vor allem der PKW größte Bedeutung, woraufhin die jeweiligen touristischen Destinationen straßenverkehrstechnisch ausreichend versorgt sein müssen. Mit der Verbindung über die zwei Landstraßen L 249, die aus Norden kommend Richtung Gemünd verläuft, und der L 218 über Schmidt nach Vlatten ist Heimbach diesbezüglich hinlänglich angebunden. Im Hinblick auf Parkmöglichkeiten ist die Stadt u. a. angesichts der großen Parkplätze „An der Laag" und „Über Rur" gleichfalls großzügig ausgestattet (Stadt Heimbach 2012:15-17).

Neben der Möglichkeiten mit dem PKW an- und abzureisen und sich fortzubewegen, sind in Heimbach ferner Angebote bzgl. der Fortbewegung per ÖPNV vorhanden. In diesem Punkt wäre zunächst die für Heimbach bedeutungsvolle Anbindung an das Schienennetz, die weitere, bekannte Destinationen in der Nationalpark-Region wie Monschau nicht aufweisen können, zu nennen (Gläser 1970:169). In der gesamten Nationalparkregion ist in Heimbach der größte Anteil an ÖPNV-Reisende zu verzeichnen, was großenteils an dieser Verbindung liegt (Landesbetrieb Wald und Holz NRW 2012:28). Der Bahnhof im Nordwesten der Stadt ist das Ende der *Rurtalbahn*, welche Heimbach mit Düren, verbindet und ebenfalls durch die Heimbacher Ortschaften Blens und Hausen führt (Dux 2011:119). Sie gilt als „die wichtigste Verbindung des ÖPNVs zur Kreisstadt und die Anbindung an den überregionalen Fernverkehr" (Stadt Heimbach 2012:19) und knüpft mit ihrem weiteren Verlauf nach Jülich/Linnich und den Regionalbahnen die Börderegion mit der Nordeifel (Rurtalbahn GmbH o. J.a). Wie eine Vielzahl der Bahnverbindungen erfolgte die Verbindung Heimbach an das Schienennetz im September 1903 und ebnete wesentlich den Weg Heimbach zu einer Destination, da sie das zentrale Transportmittel für diese Zeit darstellte (Eisenbahn-Amateur-Klub Jülich e. V. 1978:3). In den Folgejahren nahm die Bedeutung der Bahn aufgrund der zunehmenden Motorisierung stetig ab (Verein zur Förderung des Hotel- und Gastgewerbes e.V. 1969:188). Im Vergleich zu anderen Nebenstrecken, die z. T. stillgelegt wurden, besitzt die Strecke nach Heimbach, vor allem bei Tagesausflüglern, weiterhin Relevanz (Gläser 1970:169).

Ebenfalls ist Heimbach an den Busverkehr angeschlossen. Im Hinblick auf den Destinationsstatus sind im diesen Punkt zwei Linien zu nennen: Zum einen ist dies die sog. *Wasserlinie* (Buslinie 231), welche Heimbach mit Gemünd verbindet und hierbei die beiden Talsperren der Urft und Rur ansteuert (Schiffer 2006:141), zum anderen das sog. *Mäxchen*, ein Doppeldeckerbus, der während der Saison von Heimbach aus die direkte Umgebung umrundet und die zentralen Anziehungspunkte von Touristen anfährt (Dürener Kreisbahn GmbH o. J.).

Trotz des umfassenden Angebotes zur Nutzung des ÖPNV zur An- und Abreise und der Nutzungsmöglichkeit vor Ort ist die Nachfrage hiernach beschränkt. Wie im gleichen Fall die allgemeine Nachfrage nach der Wahl von Bahn und Bus als Reiseverkehrsmittel zu nutzen abgenommen hat, ist im gleichen Falle die Nutzung der Bahn zur Anreise nach Heimbach und dem Nationalpark gesunken. Beide Angebote werden lediglich bei Tagestouristen in einem größeren Anteil wahrgenommen. Im Allgemeinen ist die Meinung zum ÖPNV in der Nationalparkregion kritisch: Lediglich ein Drittel der Einheimischen sowie jeder fünfte Ortsfremde ist hiermit vollständig zufrieden. Hierbei nehmen Faktoren wie die Unflexibilität, die schlechte Anbindung an weiteren ÖPNV und der geringe Komfort im Vergleich zum PKW wesentlichen Einfluss hierzu (Landesbetrieb Wald und Holz NRW 2012:28-29).

4.2 Das abgeleitete Angebot

Zur touristischen Entwicklung einer Stadt, Region oder Land bedarf es neben dem ursprünglichen ebenfalls das sog. abgeleitete Angebot, da erstes zwar den Anreiz hierzu gewährt, es für die weitere Ausbildung dessen nicht vollständig ausreicht (Freyer 2001:178). Im Gegensatz zu dem ursprünglichen umfasst das abgeleitete Angebot jegliche Einrichtungen und Leistungen, die speziell für die Touristen erstellt wurden und speziell für diese ausgerichtet sind (Füth/Füth 2001:87). Hierzu zählen einerseits die touristische Infrastruktur (u. a. das Beherbergungswesen oder das touristische Transportwesen) und andererseits die Freizeitinfrastruktur, wie sportliche oder kulturelle Aktivitäten und Attraktionen/Events (Freyer 2001:178-180). Die Standorte der wesentlichen Anziehungspunkte wird aus dem Stadtplan Heimbachs ersichtlich, der sich im Anhang findet.

4.2.1 Burg und Kloster, Kirchen und Kraftwerk – das kulturhistorische Angebot

Die im Kern von Heimbach, auf einem Felsen gelegene Burg Hengebach bildet das zentrale Wahrzeichen der Stadt (s. Abb. 5) und ist angesichts des Aussichtspunktes am Bergfried eine zentrale Anlaufstelle für Besucher.

Die Erbauung der Burg wird auf das 9. bis 10. Jh. geschätzt und gehört demzufolge zu den Ältesten in der Eifel. In den folgenden Jahrzehnten unterstand die Burg verschiedensten Besitzverhältnissen und Zerstörungen. Nachdem in den 1950er Jahren die Burg gänzlich neu aufgebaut wurde (Vellen et al. 1987:15-20), ging diese schließlich 1979 in den Besitz der Stadt Heimbach über (Pfeifer et al. 2003:119). Nach jahrzehntelangen Leerstand beherbergen die Räumlichkeiten der Burg heutzutage die Internationale Kunstakademie (Stadt Heimbach 2012:35). Die Hofräume und der Bergfried sind dessen ungeachtet weiterhin für jedermann zugänglich; zum weiteren Verweilen sind für die Besucher gleichfalls ein Café und Restaurant vorhanden (Stadt Heimbach o. J.a).

Abbildung 5: Die über der Stadt thronende Burg Hengebach (eig. Abb.)

„Die Kunstakademie Heimbach ist eine Bildungs- und Ausbildungsstätte für das künstlerische Schaffen in den verschiedenen Bereichen der Bildenden Kunst" mit dem „Ziel, die Kreativität von Menschen aller Generationen, Nationalitäten und Berufe zu wecken und zu fördern" (Trägerverein Internationale Kunstakademie Heimbach/Eifel e. V. o. J.). Um dieses Ziel zu verwirklichen werden jährlich unterschiedliche Seminar, Lehrgänge und Workshops angeboten, die für jedermann zugänglich sind (Stadt Heimbach 2012:35).

Anlässlich der Kunstakademie erlangte Heimbach das Image einer Kunststadt, das angesichts des geringen, unmittelbar mit der Kunstakademie bzw. den Akteuren verbundenen Umsatzes, lediglich ein weiteres Prestige für die Stadt ausübt (Kirch 2014).

Das einflussreichste Element (s. Abb. 6) im Hinblick auf die Sehenswürdigkeiten ist die südlich von Heimbach am Rande des Kermeter gelegene Abtei Mariawald (s. Abb. 7, Klinkhammer 1987:35), das einzige männliche Trappistenkloster in Deutschland.

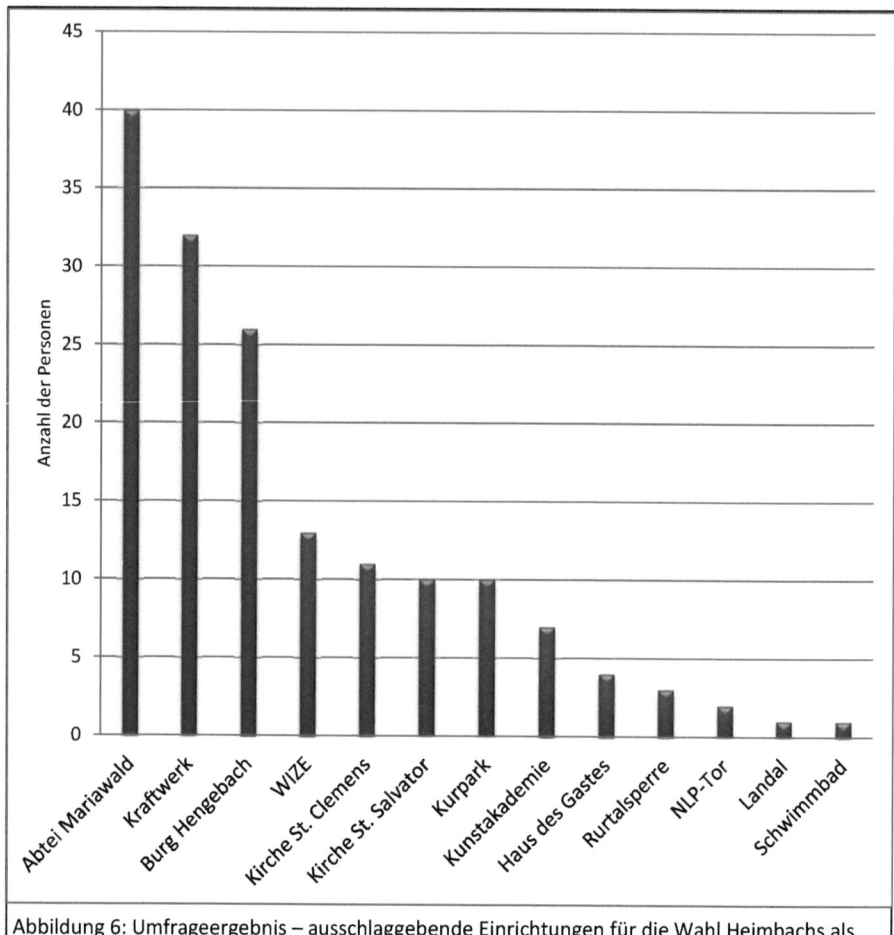

Abbildung 6: Umfrageergebnis – ausschlaggebende Einrichtungen für die Wahl Heimbachs als Reiseziel (eig. Abb.)

Der Ursprung des Klosters geht auf das 15. Jh. zurück, als 1471 der ehemalige Heimbacher Dachdecker Heinrich Fluitter in Köln ein Gnadenbild der Maria erstand, dieses in einem eigens gezimmerten Verschlag auf dem Kermeter zur Verehrung bereitstellte und die zunehmenden, zum Gnadenbild pilgernden Wallfahrer bis zu seinem Tode betreute (Pfeifer et al. 2003:120).

In der Folgezeit wuchs die Anzahl der Pilger stetig an, sodass der Verschlag einer größeren Kapelle weichen musste. Für die Betreuung der Pilger wurde der Orden der Zisterzienser von Bottenbroich um Unterstützung gebeten, die sich dieser annahmen und sich verpflichtete die Kapelle als Kloster auszuweiten (Abtei Mariawald o. J.). Die ersten Mönche zogen am 4. April 1486 in das fertig gebaute Kloster ein, der Gründungstag der Abtei Mariawald (Abtei Mariawald 1962:24-25). Seit diesem Zeitpunkt floriert das Wallfahrertum nach Mariawald zum Gnadenbild der schmerzhaften Mutter Gottes, was weiteren Ausbau des Klosters zur Folge hatte.

Abbildung 7: Abtei Mariawald (eig. Abb.)

Gesteigert wurde die Anziehung des Klosters auf Reisende durch den kostbaren Antwerpener Schnitzelaltar, in dem das Gnadenbild einen neuen Platz fand.

Infolge der bereits erwähnten Säkularisierung und Aufhebung des Klosters und der damit folgenden Übertragung des Gnadenbilds an die Pfarrkiche nach Heimbach verkam das Kloster zu einer Ruine (Brauksiepe/Neugebauer 1994: 91). Die Folgezeit des Klosters war von wechselnden Besitzern und Zerstörungen des Gebäudekomplexes geprägt; bis 1860/61 erneut Zisterzienser, die aus dem französischen Kloster La Trappe stammen (daher Trappisten genannt), das Kloster wieder herstellten und das Klosterleben in Mariawald aufnahmen (Klinkhammer 1987:28). Trotz weiterer Rückschläge (infolge des Kulturkampfgesetzes 1875 und beider Weltkriege) erfolgte die weitere Entfaltung weitestgehend positiv (Abtei Mariawald o. J.); die Erhebung zur Abtei folgte 1909 (Brauksiepe/ Neugebauer 1994:91).

Bekannt ist das Kloster ferner für seine Gastronomie, primär für die dortige Erbsensuppe und den hauseigenen Kräuterlikör. Gleichfalls sind der Klosterladen sowie die Buch- und Kunsthandlung „Ziel von Pilgern, Ausflüglern und Wanderer" (Stadt Heimbach 2012:35).

Das Gnadenbild der schmerzhaften Mutter Gottes wurde, wie bereits erwähnt, infolge der Säkularisation zur Pfarrkirche nach Heimbach überführt. Die heutige Pfarrkirche St. Clemens wurde bereits 1725 erbaut und weist eine ansehnliche Aufmachung im Barockstil sowie weitere kunsthistorische Schätze aus der Barockzeit, wie z. B. die aus diesem Zeitalter stammende Kanzel oder Hochaltar, vor. 1981 erfolgte die Erweiterung der Pfarrkirche durch den Anbau der neuen Wallfahrtskirche St. Salvator, in der nun das Gnadenbild vorzufinden ist. Beide Kirchen, St. Salvator aufgrund ihres Status als Wallfahrtskirche und St. Clemens aufgrund der Architektur und Einrichtung, sind weitere Faktoren in der Auswahl Heimbachs als Reiseziel (Klinkhammer 1987:23-26).

Im Hinblick auf das bedeutungsvollste Element in Heimbach nimmt gleichfalls das am Staubecken Heimbach befindliche Jugendstilkraftwerk des RWEs einen vorderen Platz ein (s. Abb. 6), das im August 1905 als das größte seiner Art in Europa in Betrieb gesetzt wurde und noch heute aktiv ist (RWE AG o. J.).

Abbildung 8: Das Jugendstilkraftwerk (eig. Abb.)

Die Anziehung dessen rührt aus der für ein Kraftwerk untypischen Architektur des Komplexes (s. Abb. 8), der daher unter Denkmalschutz steht (Butz 1999:48). Gespeist wird das Kraftwerk von dem Wasser der Urfttalsperre, welches durch einen

2,7 km langen Stollen und Rohre an das Kraftwerk geleitet wird, dessen ehemals acht Turbinen die Energie anschließend in Strom umwandeln (Schmitz 2002:47).

Einen Einschnitt in seiner Geschichte erlebte das Kraftwerk zu Zeiten des Zweiten Weltkrieges; das Kraftwerk blieb von direkten Zerstörungen durch Bombenangriffen verschont, wurde dennoch infolge der Bombardierung der Stollenverschlüsse überflutet. In den 70er Jahren folgte der Austausch der alten Generatoren zur Intensivierung der Stromerzeugnisse mit Moderneren; die Älteren hingegen verblieben zur Anschauung für die Besucher (Butz 1999:50). Für weiteres Interesse werden ebenfalls einstündige, kostenlose Führungen von Seiten des Betreibers angeboten, in denen neben den alten Kraftwerksanlagen eine große Sammlung alter und neuer Elektronikgeräte zu besichtigen ist (Schmitz 2002:47).

Ferner ist das Kraftwerk Heimbach Standort für das einwöchige Kammermusikfest „SPANNUNGEN", welches seit 1998 alljährlich veranstaltet wird und u. a. aufgrund der Atmosphäre und den verschiedensten, international angesehenen Künstlern als eins der anerkanntesten Festivals seiner Art in Europa gilt (Stadt Heimbach 2012:32).

4.2.2 Das spezielle touristische Angebot

Die Bedeutung des Wassers für die Rureifel und primär für Heimbach wird neben dem Kraftwerk gleichfalls in der Einrichtung des *Wasser-Info-Zentrums Eifel* (WIZE) sichtbar, dass das Image Heimbachs als Wasserstadt unterstützt (Stadt Heimbach 2012:33). Dieses wurde angesichts des einflussreichen Stellenwerts des Wassers und den damit verbundenen Faktoren sowie infolge des stetig zunehmenden Unterhaltungs- und Wissensdrang der Bevölkerung mittels europäischer Fördermittel und Stiftungsgelder in Heimbach errichtet (Schmitz 2002:51). Im WIZE werden umfassende Informationen rund um die Thematik des Wassers auf drei Etagen gestalterisch und kindgerecht dargestellt und Selbstexperimente hierzu dargeboten. Gleichfalls ist dieses Angebot barrierefrei gestaltet, sodass jedermann die Möglichkeit besitzt, dieses Zentrum zu besuchen (Stadt Heimbach 2012:33).

Eine für Destinationen gängige Einrichtung, die einer Tourist-Informationsstelle, ist ebenfalls im *Nationalpark-Tor* im ehemaligen Bahnhof von Heimbach gegeben. Die insgesamt fünf Nationalpark-Tore dienen als sog. Eingangsportale zum Nationalpark Eifel (Nationalparkverwaltung o. J.) und umfassen neben einer Tourist-Informationsstelle eine spezifische Ausstellung bezüglich des Nationalparks und den für die jeweiligen Standorte bedeutsamen Faktor (im Falle Heimbachs das Thema „Waldgeheimnisse"), ein digitales Geländemodell und unterschiedlichen Filmmodule zur Thematik des Nationalparks (Rureifel Tourismus e.V. o. J.). Angesichts der Informationsstelle erhalten Besucher erste Hinweise und Materialien über Aktivitäten oder Sehenswürdigkeiten (Dreyer/Linne 2004:38). Da diese dahingehend meist bei der direkten Ankunft aufgesucht werden, befinden sich solche Informationsstellen, die zum gängigen Angebot von Destinationen zählen, meist an hochfrequentierte Standorte (Dreyer/Linne 2004:33). Mit dem Standort des Nationalpark-Tores am ehemaligen Bahnhof sowie in unmittelbarer Nähe der eintreffenden Landstraßen und dem größten Parkplatz in Heimbach „Auf der Laag" ist dieser Faktor im Hinblick auf das Heimbacher Nationalpark-Tor gegeben. Neben den fünf Nationalpark-Toren existieren gleichfalls sekundäre *Nationalpark-Infostellen*, die lediglich eine Tourist-Informationsstelle sowie in manchen Fällen ebenfalls Nationalpark-Filme vorweisen (Nationalparkverwaltung o. J.). Bezüglich der Stadt Heimbach findet sich eine dieser Informationsstelle im neu errichteten Resort Eifeler Tor; diese Maßnahme erfolgte aufgrund der Entfernung zum Nationalpark-Tor Heimbach und dem aus dem Resort folgenden stark frequentierten Touristenströme, sodass nun auf diese Weise die dortige Vielzahl von Touristen ebenfalls erste Informationen über Heimbach und die Region erlangen (Dreyer/Linne 2004:33, van der Heijden 2014).

4.2.3 Die vorhandene Freizeitinfrastruktur

Die Hauptaktivität der Touristen in der Rureifel ist das Wandern, was unter anderem ebenfalls aus der selbstständig durchgeführten Umfrage hervorgeht (s. Abb. 9). Hierbei spielen vor allem die Landschaft und die Natur der Rureifel einen bedeutenden Einfluss hinsichtlich des Motivs zum Wandern, sowie die frische Luft, die dort gegeben ist (Leder 2003:322-323).

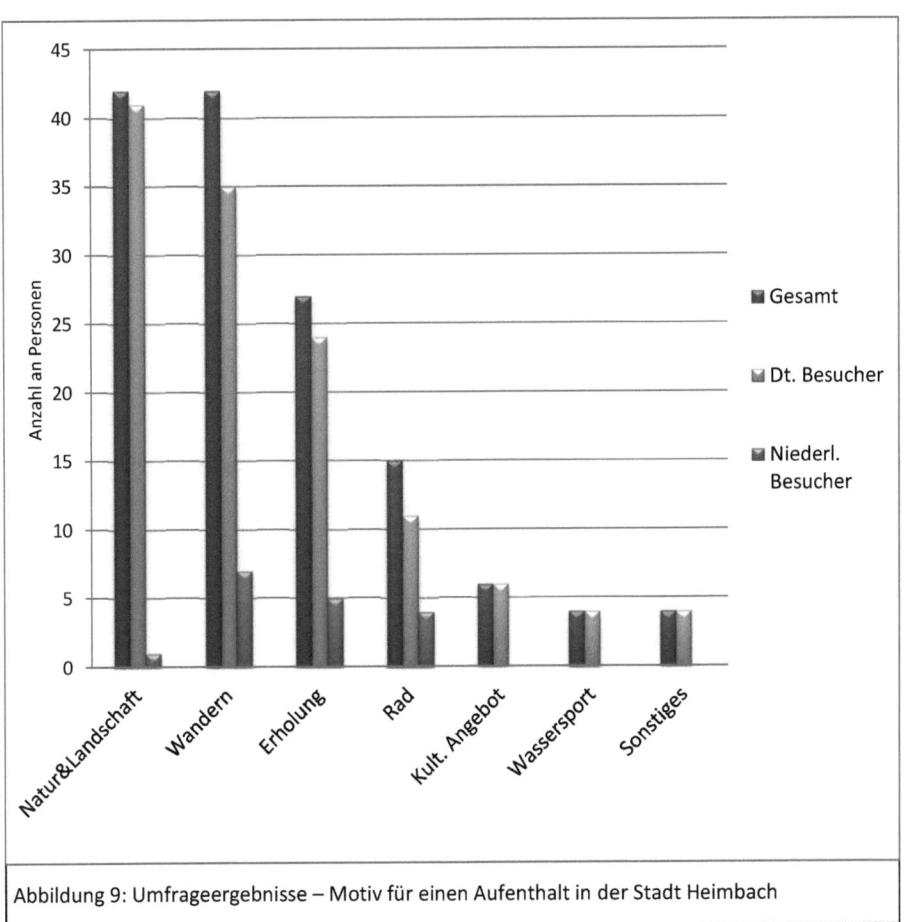

Abbildung 9: Umfrageergebnisse – Motiv für einen Aufenthalt in der Stadt Heimbach

Einen ersten Schub zur Entfaltung als attraktive Wanderregion erfolgte mit der Gründung des Eifelvereins 1888 und den damit folgenden Ausbau von beschilderten Wanderwegen und Herbergen für die Wanderer. In den Folgejahren war das Wandern Alter umfassend sehr populär, was u. a. an dem neuen Interesse an der Natur und dem hiermit verbundenen Freiheitsgefühl in der Wildnis begründet war. Hierbei bildeten sich hauptsächlich die Mittelgebirgsräume angesichts der dortigen, vielfältigen Landschaftsgestaltungen hervor (Steinecke 2011:210-211). Gegenwärtig nimmt das Interesse der jüngeren Bevölkerung an dieser Freizeitbeschäftigung ab, sodass großenteils lediglich Wanderer im hohen Alter vorzufinden sind (Leder 2003:328). Um diesen Trend entgegen zu wirken und das Wandern gleichfalls für jüngere

Menschen attraktiv zu gestalten, wurde in der Rureifel der sog. *Wildnis-Trail* entwickelt (Landesbetrieb Wald und Holz NRW 2012:39), eine mehrtägige Wanderung in vier Etappen, die von Monschau-Höfen durch den Nationalpark Eifel nach Nideggen-Zerkall reicht (Schwieren-Höger 2007:13). Während dieser Wanderungen werden bei jeweiligen Streckenlängen von 18 bis 25 km sämtliche Biotope des Nationalparks durchquert (Landesbetrieb Wald und Holz NRW 2012:35).

Neben dem mehrtägigen Wildnis-Trail finden sich in und um Heimbach ebenfalls zahlreiche weitere beschilderte Rundwanderwege, die aufgrund ihrer unterschiedlichen Distanzen, Dauer und Schwierigkeitsgraden ein breites Publikum ansprechen (Stadt Heimbach o. J.d). Zur selbstständigen Organisation und ersten Information über das Wanderangebot wurde der Internetauftritt von Rureifel Tourismus e. V. verbessert: Mittels des sog. *Rureifel Navigators* werden die unterschiedlichen Wanderwege auf einer Karte dargestellt und zusätzlich Informationen zu Schwierigkeitsgrad, Dauer und Streckenlänge sowie Höhenunterschied angegeben (o. A. 2012). Bereits zuvor erfolgte in einem ausgedehnten Prozess eine umfassende Aufbereitung des bestehenden, gleichwohl in die Jahre gekommenen Wandernetzes sowie eine Überarbeitung der gängigen Wanderkarten (Kirch 2011:6).

Neben dem Wandern ist gleichfalls das Radfahren als Freizeitaktivität in Heimbach geschätzt (s. Abb. 10). Radfahren hat in dem letzten Jahrzehnte stetig an Bedeutung als Fortbewegungsmittel in der Freizeit und im Reisewesen zugenommen und gehört zu einem der beliebtesten Aktivitäten im Tourismus (Harrer 1998:132).

Im Fall der Rureifel und des dortigen Fahrradtourismus spielt primär der sog. *RurUferRadweg (RUR)* eine wesentliche Rolle, da ein erheblicher Teilstück der Gesamtstrecke von ca. 180 km durch den Kreis Düren und folglich durch die Rureifel und die Stadt führt (Delonge/Lenhardt 2014:9). Hierdurch ist gleichfalls die Gelegenheit gegeben einzelne Strecken in Heimbach mittels diesen auszuführen:

Zum einen verläuft der RUR jeweils an beiden Seiten des Rursee, sodass dort ca. eine 25 km lange Rundfahrt möglich ist. Gleichfalls bietet er die Möglichkeit von Heimbach weiter Richtung Norden zu fahren und mittels der ebenfalls an der Rur entlang laufenden Rurtalbahn, in der gleichfalls eine begrenzte Anzahl von Fahrrädern transportiert werden können, nach Heimbach zurückzukehren (Rurtalbahn GmbH o. J.b).

Eine weitere Möglichkeit erstreckt sich mit dem gleichfalls in der Rureifel ausgedehnten Knotenpunktsystem, welches zunächst in den Niederlanden populär und ferner in Deutschland eingerichtet wurde. Das Knotenpunktsystem behilft dem Radfahrer mittels Fahren nach Zahlen umfangreiche Randtouren in der Rureifel auszuwählen (Delonge/Lenhardt 2014:9).

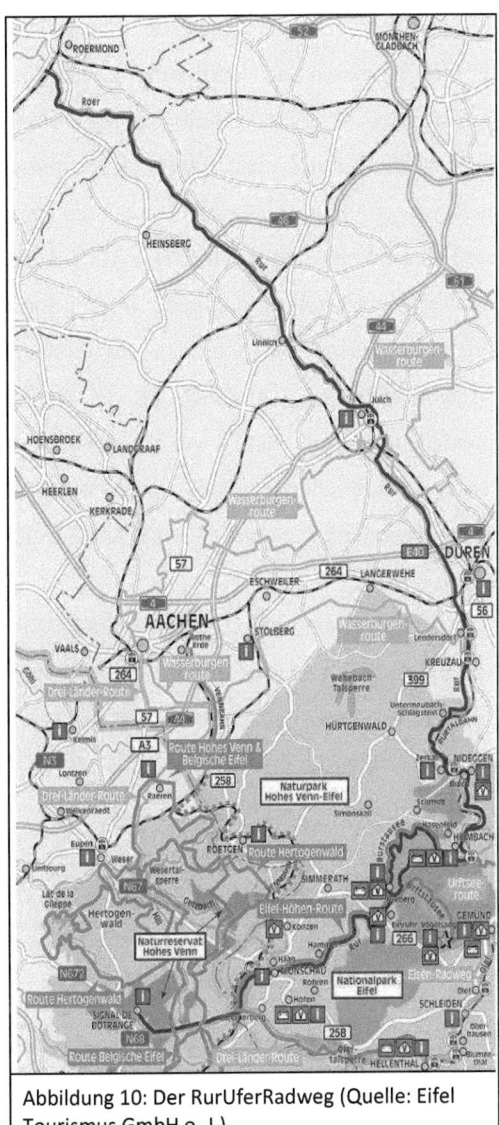

Abbildung 10: Der RurUferRadweg (Quelle: Eifel Tourismus GmbH o. J.)

Aufgrund dieser vielfältigen Möglichkeiten mit dem Fahrrad, die sich teilweise für manche Altersgruppen infolge der zahlreichen Höhenunterschiede als anstrengend erweisen können, beinhaltet das Angebot bzgl. des Radtourismus in der Rureifel insgesamt vier Leihstationen (jeweils an den Nationalpark-Toren Heimbach und Nideggen sowie an den Nationalpark-Infopunkten in Hürtgenwald-Zerkall und im

Resort Eifeler Tor), in denen die neueste Rad-Innovation, *E-Bikes*, zur Vermietung für die Touristen zur Verfügung stehen (o. A. 2014:20-21). Dieser Bereich des touristischen Angebots erfreut sich gegenwärtig großen Anklanges, da angesichts der Unterstützung durch einen Motor zum einen weitere Strecken möglich sind und zum anderen vor allem die älteren Kunden die Möglichkeit besitzen, die hügelige Gegend per Fahrrad kennenzulernen (Delonge/Lenhardt 2014:9).

Ein weiteres Mittel um sich in der Region fortzubewegen ist die per Schiff mittels der auf dem Rursee verkehrenden *Rurseeschifffahrt*. Hierfür findet sich eine der insgesamt fünf Anlegestellen an der Staumauer Schwammenauel, sodass diese ebenfalls mit dem ÖPNV zu erreichen ist. Mittels dieser Schifffahrt lassen sich weitere Möglichkeiten mit Wandern oder Radfahren kombinieren, da die entsprechenden Wege hierzu direkt am Rurufer entlang verlaufen (Rursee-Schifffahrt KG o. J.a).

Das Unternehmen der Rurseeschifffahrt bietet ferner Rundfahrten auf dem Land mit der *Rurseebahn* an (s. Abb. 11), die seit März 2005 in der unmittelbaren Umgebung Heimbachs in einer einstündigen Rundfahrt verkehrt (Kirch 2006:28): Die Route führt vom

Abbildung 11: Die Rurseebahn (Quelle: Rurseeschifffahrt KG o. J.)

Stadtkern am Heimbacher Staubecken und dem Kraftwerk vorbei zum Resort Eifeler Tor und daraufhin über Hasenfeld erneut nach Heimbach (Rursee-Schifffahrt KG 2014).

Weitere abwechslungsreiche Freizeitaktivitäten finden sich auf dem Rursee mit einer Segel- und Surfschule, einem Bootsverleih und der Schwimmmöglichkeit am Badestrand Eschauel; lediglich Motorboote sind nicht gestattet. Im Staubecken Heimbach ist ein Tretbootverleih anzufinden; der weitere Rurverlauf lässt sich gleichfalls per Kanu oder Kajak erkunden (Schmitz 2002:49-50). In Heimbach selbst werden weitere Aktivitäten wie beispielsweise Minigolf, Reiten oder Tennis angeboten; gleichfalls ist dort ein beheiztes Freibad vorzufinden (Schreiber 1991:49).

4.2.4 Die touristische Suprastruktur

Die touristische Suprastruktur umfasst im Allgemeinen sämtliche Betriebe im Hinblick auf Verpflegung und Beherbergung (Müller 2002:128). Bezüglich des Beherbergungswesens ist zwischen der Hotellerie und Parahotellerie zu unterscheiden; die Hotellerie umfasst sämtliche traditionelle Unterkünfte, die jeweils eine vollständige oder teilweise Verpflegungsleistung beinhalten. Hierzu zählen u. a. die traditionellen Hotels und Pensionen (Schmude/Namberger 2010:31), die vielzählig in Heimbach und den umliegenden Stadtteilen vorzufinden sind (ca. 10 Hotels und je 10 Pensionen; Stadt Heimbach o. J.e).

Die Parahotellerie hingegen ist als ergänzende Hotellerie anzusehen, die lediglich Teile der in der Hotellerie angebotenen Leistungen erfüllt. Hierunter fallen Ferienwohnungen oder Campingplätze, die oftmals saison- oder nebenerwerbsbezogen agieren (Schmude/Namberger 2010:31). In diesem Punkt ist Heimbach ebenfalls mit einer Vielzahl von Ferienwohnungen und –Häusern sowie vier Campingplätzen und einem Wohnmobilhafen ausreichend ausgestattet (Stadt Heimbach o. J.e). Bzgl. der Campingplätze ist hierbei der Anteil der Dauercamper merklich höher (Schreiber 1991:48). Wie bereits erwähnt erfolgte 2007 zur Verbesserung des Beherbergungsangebotes und als weiteren Anreiz für Gruppen die Errichtung des *Nationalpark-Gästehauses* im Stadtteil Hergarten und 2014 für einen wesentlichen Schub der ausländischen Gäste die Eröffnung des *Ferienresorts Eifeler Tor* (Kirch 2014).

Eine weitere gängige Beherbergungsform, die hauptsächlich im ländlichen Raum vorzufinden ist, ist die des Urlaubs auf dem Bauernhof. Hierbei erfolgt die Beherbergung „auf voll funktionsfähigen Bauernhöfen mit Nutz- und Streicheltieren, hofeigenen Produkten, regionaler Küche und persönlichem Kontakt zu den Gastgebern" (Steinecke 2011:205). Dies ist ebenfalls auf einem Reiterhof in der Stadt Heimbach möglich (Gut Kohnental o. J.).

Demzufolge ist die Stadt umfangreich und vollkommen ausreichend mit Unterkünften ausgestattet, sodass jegliche Anliegen erfüllt werden können. Im Hinblick auf die Übernachtungsgäste ist dahingehend ein positiver Trend zu verzeichnen, wie aus der folgenden Abb. 12 zu verzeichnen ist:

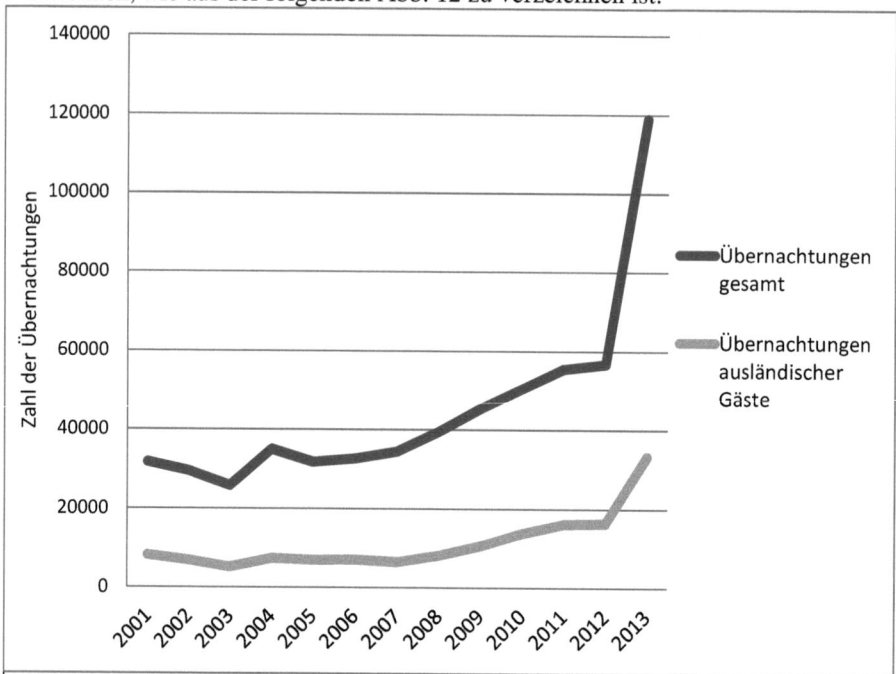

Abbildung 12: Übernachtungszahlen der Stadt Heimbach in den Jahren 2001-2013 (eig. Abb. nach Daten des IT.NRW)

Weiterhin werden die wesentliche Faktoren ersichtlich, die diesen Trend begründen: Zum einen die Gründung des Nationalparks Eifel 2004 und insbesondere die Errichtung des Ferienresorts ab 2012, wodurch auf einen Schlag das Dreifache an Übernachtungsmöglichkeiten gegeben waren (Jansen 2014:9). Der Anteil der ausländischen Übernachtungssgäste (ca. 17–18 %) umfasst größtenteils die Urlauber aus Belgien und hauptsächlich aus den Niederlanden (Müller 1963:123, Kirch 2014). Neben den Beherbergungen geht desgleichen meist das Vorhandensein von Gastronomiebetrieben einher. In diesem Falle ist die Stadt Heimbach ebenfalls umfangreich ausgestattet, da sich vor allem im Zentrum eine Vielzahl an unterschiedlichen Gastronomiebetrieben niedergelassen hat. Neben Cafés finden sich dort Bistros und Restaurants mit unterschiedlicher Spezialisierung, sodass ein breites Publikums angesprochen wird (Stadt Heimbach o. J.b). Weitere Möglichkeiten sind infolge des Resorts entstanden: Diesbezüglich befinden sich dort zwei Restaurants und das Heimbacher Brauhaus (Klinkhammer 2013).

5. Das aktuelle Projekt - Das Ferienresort Eifeler Tor

Bereits in den Kapiteln zuvor nahm das Ferienresort bereits Einfluss auf wesentliche Strukturen, ohne jedoch nähergehend erläutert zu werden, was jedoch angesichts der Thematik der aktuellen Dynamiken unumgänglich ist.

Der Ferienresort befindet sich mit Blick ins obere Rurtal in unmittelbarer Nähe zum

Abbildung 13: Das Ferienresort Eifeler Tor mit Blick ins Rurtal (eig. Abb.)

Staudamm Schwammenauel und somit in einer vorteilhaften Lage hinsichtlich des Erholungsfaktors (siehe Karte a) im Anhang). Auf einer Fläche von ca. 7 ha entstanden jeweils 96 Ferienhäuser für sechs bis zwölf sowie 74 Ferienwohnungen für jeweils vier bis zehn Personen (Parkplan im Anhang, Eifeler Press Agentur 2014). Bei der Gestaltung der jeweiligen Ferienvillen wurde mit Anlehnung an die eifeltypischen Fachwerkhäuser darauf bedacht diese raumfreundlich zu entwerfen, sodass sie sich in das Gefüge der Stadt Heimbach anpassen (s. Abb. 13). Insgesamt stehen ca. 1100 Betten für die Gäste zur Verfügung (Jansen 2014:9). Neben den Ferienhäusern und –wohnungen ist ferner eine Promenade errichtet wurde, an der sich weitere Lokalitäten befinden: Zwei neue Restaurants, ein Supermarkt und zwei weitere Geschäfte (einen Outdoor- und einen Geschenk-Shop, Klinkhammer 2013). Die ganze Promenade ist für alle Besucher und Touristen zugänglich, damit ebenfalls die Einheimischen die Angebote nutzen und hiervon profitieren können (Eifeler Press Agentur 2014). Diese Richtlinie war ein wesentliches Kriterium für ein Ferienresort von Landal, welches im Gegensatz zu einem Feriendorf von Center Parcs, das meist umzäunt und isoliert agiert, in seiner Gestaltung offen gehalten wurde; einerseits können Außenstehende die Lokalitäten nutzen und andererseits die Besucher des Resorts gleichfalls die Umgebung kennenlernen (van der Heijden 2014). Lediglich das Schwimmbad mit Außengelände ist für die Gäste von Landal vorbehalten. Ferner befindet sich an der Promenade der bereits erwähnte Nationalpark-Infopunkt (Jansen 2014:9).

5.1 Die Entwicklungsphasen des Resorts

Bereits seit 1977 existierten Bebauungspläne für die Fläche an der Staumauer mit Blick ins Rurtal; die folgenden Projekte (u. a. wurde ein RWE-Ausbildungszentrum angestrebt) konnten angesichts finanzieller und Raumproblemen nicht realisiert werden (Jansen 2014:9). Auf der anderen Seite erlangte der Betreiber des Resorts, Dormio, für einen potentiellen neuen Standort eine Angebotsfläche in der Südeifel, die von Seiten Dormios aufgrund von fehlender Attraktivität abgelehnt wurde. Infolge eines Zufalls trat Heimbach und der Bebauungsplan in das Blickfeld des Unternehmens (van der Heijden 2014), welches diesen 2007 annahm und trotz Wirtschaftskrise weiter vorantrieb (Everling 2014). Bereits vor dem Bau der einzelnen Villen und Appartementhäuser startete deren Verkauf, da dies eine der Voraussetzungen für den weiteren Fortschritt darstellte. Im April 2010 folgten der erste Spatenstich sowie die ersten Vorbereitungen für die Erbauung, die 2011 vollends begann. Mit Verzögerungen am oberen Hang erfolgte die annähernde Fertigstellung der 96 Villen, die bereits ab August 2012 vermietet wurden. Zunächst über das Wochenende (aufgrund des immer noch vorhandenen Baulärms unter der Woche) wurde die Vermietung ab März 2013 ebenfalls unter der Woche veranlasst. Im Dezember startete die gesamte Vermietung aller Villen und Appartements (van der Heijden 2014). Die offizielle Eröffnung folgt am 12. April 2014 (Eifeler Press Agentur 2014). Für die weitere Entwicklung des Resorts steht zunächst der weitere

Aufbau und Optimierung des Betriebsablaufes und die erfolgreiche Vermietung im Blickpunkt; hierzu sollen in den kommenden drei Jahren das Ziel von jährlich 220.000 Übernachtungen erreicht werden. Planungen hinsichtlich einer Erweiterung des Ferienresorts sind daher gegenwärtig nicht vorhanden (van der Heijden 2014).

5.2 Organisationsstruktur und Betriebsablauf

Die gesamten Investitionskosten des Baus belaufen sich auf rund 48 Millionen Euro; damit gehörte es zu diesem Zeitpunkt zur größten privaten Investition, die im Bezug zum Tourismus in Nordrhein-Westfalen getätigt wurde (Klinkhammer 2013).

Der Betreiber und Käufer der Fläche sind das Unternehmen Dormio, welches mit weiteren finanziellen Partnern für den Bau des Ferienresorts verantwortlich ist (van der Heijden 2014). Das Ziel ist es hierbei, alle Ferienvillen und –Appartements zu verkaufen, ein gängiges Modell in den Niederlanden mit beidseitigen Vorteilen: Der Käufer selbst darf 6 Wochen im Resort verweilen, die restlichen Woche im Jahr werden durch Dormio weiter vermietet. Hierbei erhält der Käufer des Hauses oder Appartements jährlich 5 % Rendite aus den Vermietungen, desgleichen ist der Kauf eine wertfeste Kapitalanlage für die Zukunft bzgl. des Wertes eines Hauses oder Appartements (Jansen 2014:9). Die Rendite wird nur bei erfolgreichen Vermietungen ausgezahlt.

Um dies zu garantierten, tritt Landal GreenParks hinzu, ein weiteres Unternehmen aus der niederländischen Tourismusbranche, die einen großen Bekanntheitsgrad aufgrund ihrer 74 bereits bestehenden Ferienparks (großenteils in den Niederlanden und u. a. in Deutschland (s. Abb. 14), Österreich, Belgien oder Tschechien) besitzen. Landal tritt im Falle des neuen Ferienresorts als Marketingpartner ein: Dahingehend läuft der Name des Resorts unter Landal, da dies u. a. bei den Besuchern bereits Assoziationen mit anderen Landal-Resorts und die damit verknüpfte Kenntnis über die Qualität dessen hervorruft. Im Gegensatz erhält Landal GreenParks für diese Mitarbeit Provisionen aus den Vermietungen (van der Heijden 2014).

Die Käufer der Villen und Appartements stammen infolgedessen mehrheitlich aus den Niederlanden. Hierbei spielen neben dem primär in den Niederlanden bekannten Kaufprinzip, weitere Gründe eine Rolle (Jansen 2014:9): Zum einen sind in den Niederlanden in den letzten Jahren die Immobilienpreise intensiv erhöht wurden, sodass sich Wochenendhäuser in den Niederlanden zu einem Luxusgut gestaltet haben, wohingegen in Deutschland

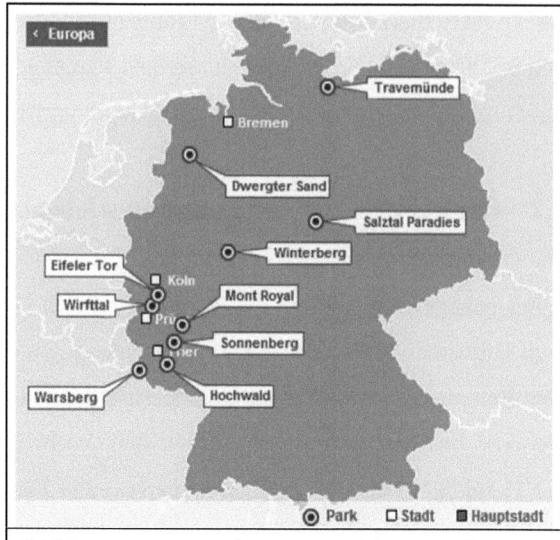

Abbildung 14: Die Verteilung von Landal GreenParks in Deutschland (Quelle: Landal GreenParks o. J.)

eine gegensätzliche Entwicklung dessen zu verzeichnen war. Primär die Immobilienpreise in den ländlichen Räumen Deutschlands sind infolge der stetigen Urbanisierung der Bevölkerung zurückgegangen. Ebenfalls nehmen die erhöhten Benzinpreise Einfluss auf das Reiseverhalten, sodass zunehmend nahe gelegene Landschaften und Städte als Reiseziel attraktiver werden (Gego 2012).

5.3 Wahrnehmung und Akzeptanz des Projekts in Heimbach

Innerhalb der Bevölkerung ist das Projekt in vielfacher Weise unterschiedlich, mehrheitlich positiv, aufgenommen wurden (Kirch 2014). Hierbei besitzen die unterschiedlichen Interessenslagen ein wesentliches Gewicht: Für die Bewohner, v. a. im angrenzenden Stadtteil Hasenfeld mit direktem Blick auf das Resort, ist dies in der landschaftlichen Gestalt begründet. Vor der Errichtung des Ferienresorts bestand die Fläche lediglich aus Wiesen, die landschaftlich attraktiver sind als ein Großprojekt wie das Ferienresort. Daher wurde das Projekt bei vielen Personen mit Skepsis aufgrund der wesentlichen Veränderung in der Landschaft angesehen. Um diese Skepsis zu bereinigen, wurden von Seiten des Managements bereits zu Bauzeiten

Führungen angeboten, in denen die Besucher einen Einblick erhielten und jegliche Fragen direkt beantwortet bekamen (van der Heijden 2014). Ebenfalls sehen die unterschiedlichen Einzelhändler im Ort dem Projekt positiv entgegen: Einerseits ziehen hierdurch vermehrt Besucher durch die Stadt (Ailer 2014), andererseits wird die Stadt durch die möglichen Weiterempfehlungen bei der Rückkehr der Gäste populärer (Wergen 2014), was Einfluss auf die anderen Betriebe außerhalb von Landal nehmen kann (Weber 2014). Diesbezüglich haben bereits einige Betreiber ihre Geschäfte im Stadtzentrum neu eröffnet (Ailer 2014).

Als Beherbergungsmöglichkeiten kann das Resort zunächst als große Konkurrenz für die bestehenden Betriebe angesehen werden, was sich jedoch nicht bewahrheitet hat. Die Interessen der Hotellerie beispielsweise, berühren sich mit denen des Resorts kaum, sodass hier keine Beeinträchtigung zu sehen ist (Kirch 2014). Dennoch bestehen unterschiedliche Meinung zum Resort: Einige sehen darin kein Potenzial für die Gastronomie und Einzelhändler in der Stadt, wohl aber für die Stadt selber (Halleck 2014); Für andere bringt es mehr Leute in die Stadt, was ein guter Schritt sei, der sich auch auf die Hotellerie auswirken kann (Weber 2014). Indessen sehen vor allem die Besitzer der Ferienwohnung die Errichtung als kritisch ein, da hier zunehmend die Übernachtungsgäste ausbleiben. Der Grund hierzu liegt nicht in der Errichtung des Resorts, sondern an der meist unmodernen und renovierungsbedürftigen und daher für Besucher unattraktiven Ausstattung der Ferienwohnungen. Im Hinblick auf die jeweiligen Preise ist Landal vergleichsweise ca. drei- bis fünfmal teurer als die privaten Ferienwohnungen in der Stadt (Kirch 2014).

Primär für die Stadt ist das Projekt profitabel: Zum einen können mehr Einnahmen (Kurbeiträge, Gewerbesteuer und Grundsteuereinnahmen) verzeichnet werden (Gego 2014). Zum anderen konnten mittels des Resorts neue Arbeitsplätze geschaffen werden; in diesem Falle umfasst Landal rund 25 Vollzeitstellen, hinzu kommen die 15–20 Vollzeitstellen der Reinigungsfirma, welche für das Resort angestellt ist (van der Heijden 2014).

Ein weiterer, eher touristisch ferner Bereich (der dennoch von der Erbauung des Resorts profitiert) ist das Wasserwerk Perlenbach, das für die Wasserversorgung der Häuser und Appartements engagiert wurde und somit zur gleichen Zeit rund 100 Neukunden gewinnen konnte (Schepp 2014:15).

Zusammenfassend haben sich die Betreiber in Heimbach gegenwärtig mit dem Resort arrangiert, bzw. arrangieren müssen und nutzen das damit gegeben Potenzial aufgrund der zunehmenden Anzahl von Gästen, die mehrheitlich aus den Niederlanden stammen werden. Um den Touristen den Aufenthalt zu erleichtern sind gleichfalls Maßnahmen errichtet worden: Zum einen ist dies das Erlernen der niederländischen Sprache des Personals einiger Lokalitäten zur verbesserten Kommunikation mit Gästen wie z. B. der ortsansässigen Apotheke oder im Abtei Mariawald. Ebenfalls werden zunehmend touristische Angebote wie Rangerführungen oder Informationsmaterialien auf Niederländisch angeboten und herausgegeben (Kirch 2014).

5.4 Die Faszination Eifel aus der Sicht niederländischer Besucher

Mit dem Bau des Resorts durch ein niederländisches Unternehmen wird gleichfalls ein weiteres Phänomen des Tourismus in der Rureifel sichtbar: Die enorme Beliebtheit der Region bei den Niederländern.

Infolge der Fußball-Weltmeisterschaft 2006 und dem damit verbesserten Image der Deutschen folgte bereits 2007 die Ablösung Frankreichs als beliebtestes Reiseziel der Niederländer durch Deutschland selbst (Kirch 2014). Bezüglich des niederländischen Tourismus werden hierbei zunehmend Kurzurlaube bevorzugt, die eine zeitliche Fahrdauer von zwei bis drei Stunden eingrenzen. Dahingehend sind die Rureifel und das Ferienresort aufgrund der Nähe zur niederländischen Grenze als Reiseziel in einer vorteilhaften Lage (van der Heijden 2014). Insgesamt gehört Nordrhein-Westfalen mit Rheinland-Pfalz und Bayern zu den beliebtesten Zielen für niederländische Touristen; in Nordrhein-Westfalen hängt dies mit der direkten Angrenzung an die Niederlande und an der abwechslungsreichen Landschaft zusammen, die für das Wandern, der bevorzugten Aktivität der Niederländer, sich im besonderen eignet

(Tyroller/Online Redaktion 2010). Hier ist Heimbach aufgrund der Tallage und der umfassenden steilen Hänge, die für die Niederländer angesichts der flachen Heimat einer Gebirgslandschaft ähnelt, sehr gefragt. Diese landschaftliche Gestaltung mit Hängen, Wälder und Binnenseen kommt einer *neuen Welt* für die niederländischen Besucher dar, welche in kürzester Zeit zu erreichen ist und zum Wandern einlädt (Jansen 2014:9). Im Allgemeinen ist die Eifel bei Niederländern angesichts der räumlichen Nähe und abwechslungsreichen Landschaft geschätzt, was ebenfalls in der Aufteilung der Landal-Einrichtungen in Deutschland ersichtlich wird (s. Abb. 14).

6. Aktuelle Probleme und Entwicklungsperspektiven des Tourismus in der Stadt Heimbach

Trotz des umfassenden Angebotes an touristischen Leistungen und den gegebenen klimatischen und topografischen Gegebenheiten obliegt Heimbach unterschiedlichen Interessensgruppen, die mit ihren jeweiligen Meinungen und Ansichten die weitere Entwicklung der Destination hemmen können.

Zu nennen wäre in diesem Fall die Thematik des Motorradtourismus. Aufgrund der landschaftlichen Gestaltung der Region sowie der Vielfalt von kurvenreichen Routen und dem damit verbunden potentiellen Fahrvergnügen für Motorradfahrer, ist die Region im Besonderen am Wochenende überaus populär (Stollenwerk 2014). Zwar wird oftmals mit dem hierdurch anknüpfenden Umsatz für die jeweiligen Destinationen argumentiert, allerdings sind keine seriösen Zahlen zu dem tatsächlichen Umsatz der jeweiligen Betriebe durch die Motorradfahrer vorhanden, die den Einfluss des Motorradtourismus für eine Destination darlegt (Kirch 2014). Der kritische Punkt bzgl. des Motorradtourismus ist der mit der Geschwindigkeit zunehmende Lärm der Motoren, der infolge der Tallage weit über das Gelände stallt. Da die Motorradfahrer desgleichen vermehrt in Gruppierungen verkehren, summiert sich der Lärmpegel, wenn diese im gleicherweise durch Heimbach in Richtung Mariawald begeben (Stadt Heimbach 2012:15-16). Neben dem ruhigen Aufenthalt in

Heimbach, der hierdurch gestört wird, ist unter anderem die Zertifizierung der umliegenden Wanderwege betroffen, da der Faktor Ruhe ein wesentlicher Zertifizierungspunkt ist. Dahingehend können gleichfalls die Wanderer aufgrund der Motorengräusche ihre Freude am Wandern verlieren und zunehmend ausbleiben und die Stadt könnte hiermit eines der wichtigsten Standbeine im Hinblick auf den Tourismus verlieren (Kirch 2014). Die Problematik der lauten Motorradfahrer umfasst nicht die Stadt Heimbach oder Rureifel, sondern die gesamte Eifel und weitere Mittelgebirgsregionen. Eine Patentlösung für diese weitreichende Angelegenheit ist noch nicht gegeben, da der Anteil der zu schnellen und zu lauten Motorradfahren zu gering ist, um mittels Kontrollen durch die Polizei entgegenzuwirken. Straßensperrungen, wie z. B. bei der L 128 in der Nachbarkommune Simmerath bereits geschehen, sind andererseits juristisch nicht haltbar. Bei der L128 hingegen führte erst die hohe Unfallrate mit dem enormen Lärm zu dieser Maßnahme (Stollenwerk 2014).

Im Allgemeinen ist die Verkehrssituation im Stadtkern als problematisch anzusehen, da hier die beiden Landstraßen in der Hengebachstraße zusammenführen und durch den Stadtkern entlang der Geschäfte verlaufen. Daher ist vor allem am Wochenende kein ruhiger und erholsamer Aufenthalt im Stadtzentrum möglich (Stadt Heimbach 2012:16).

Im Hinblick hierauf wird ebenso vor allem der Verkehr als das störende Element gesehen, wie aus der Umfrage hervorging (s. Abb. 15). Der Bau eines Tunnels als Umgehungstraße um den Stadtkern Heimbach konnte aufgrund finanzieller Schwierigkeiten nicht realisiert werden; weitere Möglichkeiten sind aufgrund der Lage Heimbachs im Tal erschwert (Kich 2014).

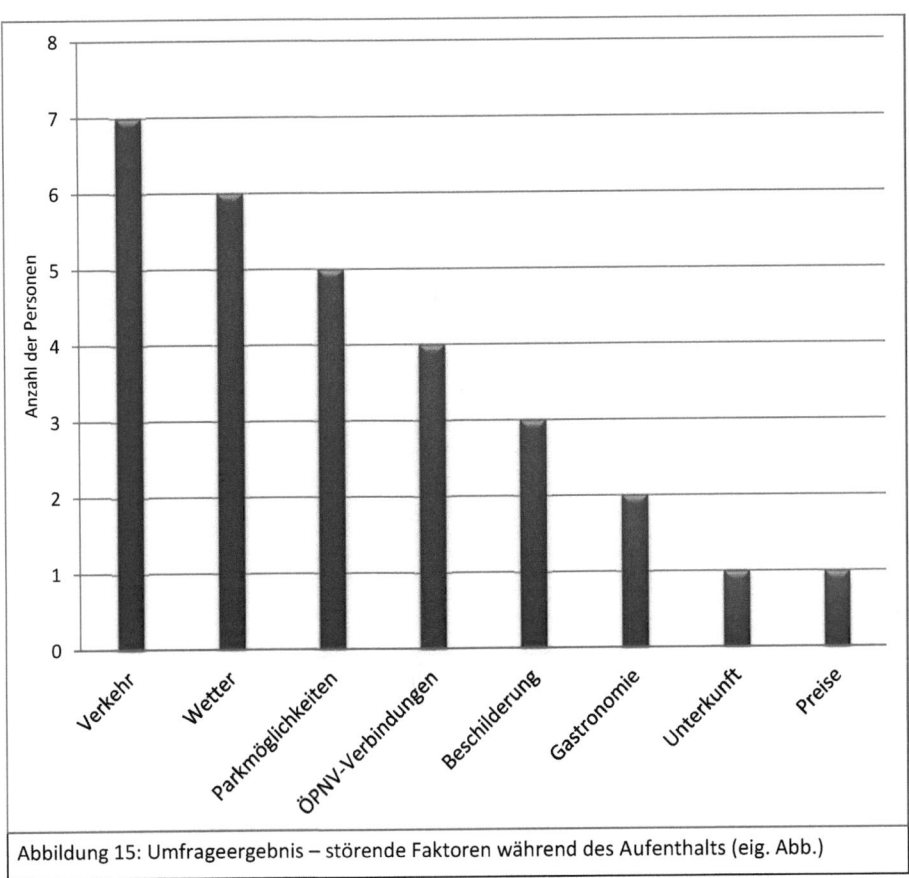

Abbildung 15: Umfrageergebnis – störende Faktoren während des Aufenthalts (eig. Abb.)

Ein weiteres Hindernis für die Entfaltung des Tourismus in Heimbach umfassen die Vielzahl an leer stehenden Gebäuden und Lokalitäten in der Innenstadt (siehe Abb. 16), die den Stadtkern verlassen wirken lässt (Stadt Heimbach 2012:8-9). Die Gründe für die Aufgabe der Geschäfte und Lokale ist umfassend: Einerseits wurden diese lediglich halbprofessionell bzw. inkompetent geführt, sodass kein Erfolg zu erwarten ist (Kirch 2014). Andererseits besaß man angesichts des demografischen Wandels keinen Nachfolger, bzw. die eigenen Kinder besaßen keine Interessen in der Fortführung des Familienbetriebs (Alte Mühle 2014). Weiterhin wird oftmals die Pachtgebühr mit absurden Preisen veranschlagt und potentielle Neu-Investoren damit abgeschreckt (Kirch 2014).

In diesem Falle wäre eine Enteignung der Immobilien eine Lösung, falls die jeweiligen Besitzer von ihren angebotenen Pachtpreisen nicht abwenden (Kaufmann 2014). Bezüglich der leer stehenden Wohngebäude muss die Ansiedlung junger Familien anziehender gestaltet werden, vor allem im Hinblick auf Wohngebäude im Stadtkern müssen diese familiengerecht ausgebaut werden (Stadt Heimbach 2012:64-65). Eine weitere Maßnahme gegen die Leerstände wäre die Förderung für Ansiedlungen von Künstlern, sodass das Image Heimbachs als Kunst- und Kulturstadt weiter ausgebaut wird und die Stadt einen weiteren Anziehungsfaktor besitzt, den diese Destination von anderen hervorhebt (Kaufmann 2014). Gleichfalls ist das bestehende Angebot im

Abbildung 6: Leer stehendes Restaurant im Stadtzentrum (eig. Abb.)

Hinblick auf die Lokalitäten und Gastronomie in vielen Fällen in den Blütezeiten des Tourismus in Heimbach in den 70er und 80er Jahren stehen geblieben, die für die zeitgemäße Attraktivität Heimbachs bei neuen Besuchern kontraproduktiv ist, sodass diese ebenfalls aus ausbaufähig bewertet werden (Kaufmann 2014, s. Abb. 16).

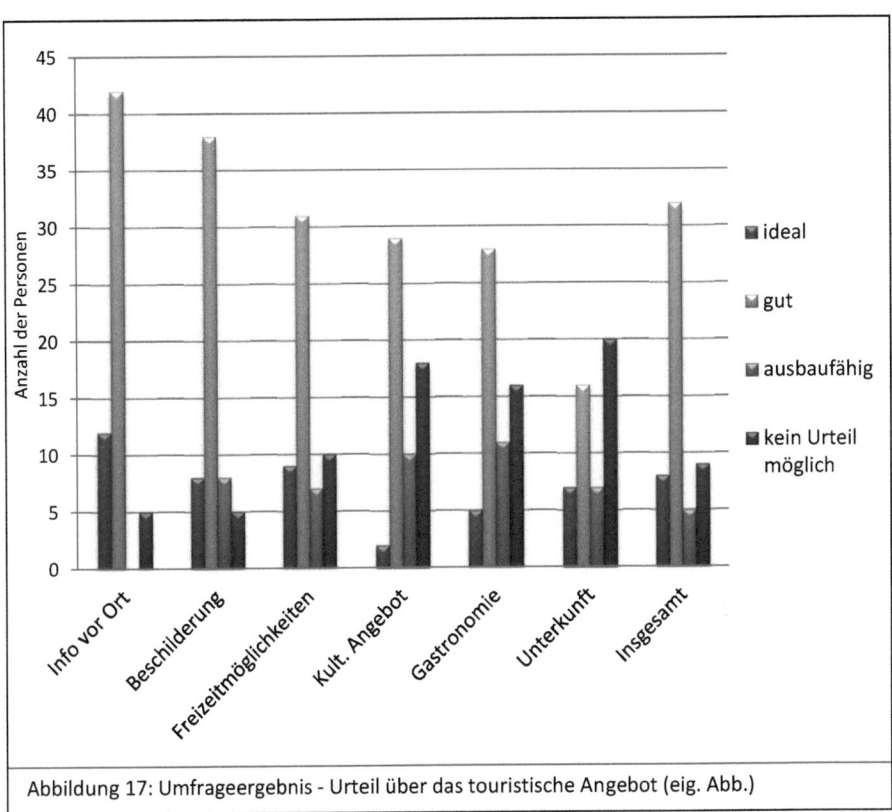

Abbildung 17: Umfrageergebnis - Urteil über das touristische Angebot (eig. Abb.)

Im Allgemeinen ist das vorhandene Einzelhandelsangebot in Heimbach gegenwärtig sehr überschaubar und gering touristisch attraktiv (Kaufmann 2014). Das neu errichtete Resort Eifeler Tor kann dahingehend als Anstoß gesehen werden, diesen Zustand im Stadtkern Heimbachs angesichts der zunehmenden Anzahl von Touristen wesentlich zu verbessern, da es dahingehend einen neuen Anreiz für neue Investoren bietet (Ailer 2014).

Vor allem im Winter, bzw. in den sog. dunklen Jahreszeiten, sowie bei schlechtem Wetter wirkt die Stadt verwaist. Um diesen Zustand entgegenzuwirken, wären weitere (kulturelle) Angebote speziell für diesen Umstand von Nöten, wie z. B. die Errichtung eines Weihnachtsmarktes oder die Erweiterung des Angebots im Haus des Gastes um auch zu später Stunde dort zu verweilen (Stadt Heimbach 2012:130-131).

Im Allgemeinen wurde ebenfalls das kulturelle Angebot in der selbstständigen

Umfrage als eines der Faktoren genannt, die wesentlich ausbaufähig sind (s. Abb. 17).

Weitere kritisierte Elemente, die den Fortschritt hemmen können, sind die oftmals in den Umfragen angemerkten, fehlenden Entsorgungsmöglichkeiten an den Wanderwegen, sodass oftmals Müll an den Randwegen aufzufinden ist und die Beschilderung (s. Abb. 18). Letzteres ist in der Stadt

Abbildung 18: Schilderwald (eig. Abb.)

Heimbach sehr unausgeglichen errichtet wurden: Zum einen ist oftmals im Straßenverkehr ein wahrer Schilderwald vorzufinden, andererseits werden trotz der relativ neuen Überarbeitung die Beschilderungen von Wanderwegen als ausbaufähig deklariert (s. Abb. 15).

7. Zusammenfassung und Fazit

In dieser Arbeit wurde ersichtlich, dass die Rureifel und insbesondere die Stadt Heimbach aufgrund ihres ursprünglichen und abgeleiteten Angebots das nötige Potenzial zur Ausbildung und Status als Destination besitzen. Im Falle der Stadt Heimbach besaß hauptsächlich das Wallfahrertum zum Gnadenbild der schmerzhaften Mutter Gottes angesichts der Vielzahl von Pilgern und der damit verknüpften Errichtung von notwendigen Herbergen wesentlichen Einfluss auf die Entwicklung als Reiseziel, das infolge der Erbauung der Talsperren und dem Anschluss an das Schienennetz einen weiteren, tatkräftigen Schub erhielt.

Im Hinblick hierauf sind das gegenwärtige, positive Klima, das ebenfalls zur Ernennung Heimbachs als Luftkurort führte und insbesondere die umliegenden, abwechslungsreichen Landschaftsräume zu nennen, die sich geradezu für Erholungssuchende anbieten. Vor allem die großen Wasserflächen der Talsperren (insbesondere des Rursees) und der Nationalpark Eifel ziehen eine Vielzahl an Touristen nach Heimbach. Hier nimmt der Nationalpark, der einzige in NRW, bezüglich des touristischen Wettbewerbs mit anderen Destinationen eine gewichtige Rolle ein, da er ferner die Qualität der gegebenen Natur bestätigt. Mit der umfassenden Verkehrsinfrastruktur, die in der Stadt mit den beiden Landstraßen und der vorteilhaften Anbindung an das Schienennetz gegeben ist, können Besucher mühelos die Stadt und Region erreichen.

Für die weitere Entfaltung zu einer Destination ist jedoch das Vorhandensein des sog. abgeleiteten Angebots unumgänglich. Hier bietet die Stadt mit ausreichend Faktoren hinreichend weiteres Potenzial, u. a. mit einer breiten Vielfalt an kulturhistorischen Sehenswürdigkeiten, wo vor allem die Abtei einflussreichen Anreiz als ehemaliges Pilgerziel und der dortigen Gastronomie bietet. Mit den weiteren Sehenswürdigkeiten (Burg Hengebach, der Doppelkirche St. Clemens und St. Salvator, dem Jugenstillkraft und die weiteren speziellen touristischen Angebote wie dem Wasser-Info-Zentrum Eifel oder dem Nationalpark-Tor) vervollständigt sich das breite Spektrum an zentralen Interessenspunkten, die die wesentlichen Faktoren Heimbachs umfassen.

Im Hinblick auf potentielle Freizeitaktivitäten ist das Wandern in der Stadt und in der Rureifel von außerordentlicher Bedeutung, da die Mehrheit der Besucher angesichts dieser Aktivität in die Region reist. Mit der zeitgemäßen Überarbeitung der Wegenetze und des weiteren Informationsangebots im Hinblick auf Wanderwege besteht nun ein breites Angebot an verschiedenste Möglichkeiten für Wanderungen. Ebenfalls wurde das Radfahren in der Rureifel gefördert, das mit dem RurUferRadweg und dem Knotensystem über umfangreiche Strecken verfügt und mittels der Verleihung von E-Bikes mühelos erkundet werden kann. Weitere umfassende Aktivitäten bietet die Wasserfläche des Rursee mit vielseitigen Wassersportmöglichkeiten und der Rurseeschifffahrt. Folglich bietet die Rureifel ein breites Spektrum an Elementen im Hinblick auf eine abwechslungsreiche Freizeitgestaltung. Unterstützt wird das Angebot durch eine Vielzahl an unterschiedlichsten Beherbergungsbetrieben, die jede Nachfrage befriedigen. Lediglich im Hinblick auf deren unmoderner Ausstattung ist hier Nachholbedarf. Ebenfalls ist die Gastronomie mit Cafés, Bistros und Restaurants mit unterschiedlicher Spezialisierung umfassend gegeben, die gleichfalls z. T. renovierungsbedürftig sind.

Bezüglich der letzten Punkte nimmt das jüngste Projekt in der Stadt Heimbach, das seit April 2014 offiziell eröffnete Ferienresort Eifeler Tor, eine zentrale Rolle ein. Das Ferienresort, eine Kooperation der niederländischen Unternehmen Dormio und Landal, wirkt dahingehend nicht als isolierter Komplex; die dortigen neu errichteten und modernen Lokalitäten bieten Nutzungsmöglichkeiten für die einheimische Bevölkerung und auf der anderen Seite lernen die Besucher des Resorts die Region und die Stadt kennen. Für die Einheimischen war dieses Projekt zunächst gewöhnungsbedürftig und einige Beherbergungsbetriebe sahen darin zunehmend Konkurrenz. Gegenwärtig wird es dennoch meist positiv aufgenommen, da aufgrund des Resorts und der vermehrten Anzahl von Reisenden der Tourismus in Heimbach wesentlich angekurbelt werden kann, sodass gleichfalls andere Betriebe hiervon profitieren. Aufgrund des niederländischen Betreibers sind es primär überwiegend Niederländer, die in die Stadt Heimbach reisen und das dortige Angebot nutzen. Die allgemeine Vorliebe der niederländischen Reisenden ist eng mit der landschaftlichen Gestaltung, die in den Augen der Niederländer ersten Gebirgszügen ähneln, verknüpft, sowie der relativen Nähe zum Heimatland.

Dennoch sind in Heimbach viele Faktoren und Interessenlagen gegeben, die eine weitere Entwicklung Heimbachs wesentlich hemmen und beeinträchtigt. Zu nennen wäre in diesem Falle die Verkehrssituation, die zwar für die An- und Abreise ausreichend vorhanden ist. Angesichts der durch das Zentrum verlaufenden Hauptverkehrsstraße und der Vielzahl an der dort verkehrenden Motorräder sind dahingehend ein ruhiger Aufenthalt in Heimbach nicht möglich. Ebenfalls hemmt die Vielzahl an Leerständen wesentlich das Bild des Stadtkerns, sodass Heimbach zeitweise verlassen wirkt. Weitere Faktoren, die die Anziehung der Stadt trüben können, umfassen die überfüllte oder fehlende Beschilderung, im Allgemeinen der altmodische Bestand der Gastronomie und Beherbergungen oder das Fehlen von kulturellen Angeboten insbesondere in den Abendstunden.

Als Fazit lässt sich sagen, dass Heimbach angesichts der natürlichen und kulturhistorischen Faktoren das Potenzial besitzt eine weit wichtigere Rolle als Destination in der Rureifel einzunehmen, in dem genügend Freizeitaktivitäten vorhanden sind. Entsprechend der unmodernen Suprastruktur, die neben den Aktivitäten wesentlich für einen Aufenthalt sind, ist ein längerer Aufenthalt für viele Reisenden in Heimbach nicht ausführbar. Vor allem das Resort Eifeler Tor kann hierzu angesichts des damit verbunden Anstiegs der Touristenanzahl wesentliche Einflüsse bieten, zum einen in Anbetracht der modernen Gestaltung und Gastronomie für einen wesentlich längeren Aufenthalt zu werben und zum anderen im Allgemeinen das Angebot stetig auszubauen und anzupassen sowie neue Ansiedlungen von touristisch attraktiven Geschäften infolge der steigenden Touristenanzahl in Heimbach zu fördern.

Jedoch muss bedacht werden, dass trotz Modernisierungsmaßnahmen oder Anpassungen an neue Zielgruppen die eigentliche Identität Heimbachs als Teil der Eifel und generell die Identität Eifel weiterhin bewahrt bleibt, wie bereits Josef Schmitz zum Ende seines Gedicht anmerkt:

„Wie Gott sie schuf die Eifel klein,
lass die Eifel Eifel sein(…)." (Schmitz 2006:12)

8. Literaturverzeichnis

Aachener Verkehrsverbund GmbH (2014): Natur erfahren – mit Bus und Bahn unterwegs im und um den Nationalpark Eifel, Aachen.

Abtei Mariawald (o. J.): Unser Kloster, im Internet abrufbar unter: http://www.kloster-mariawald.de/view.php?nid=175, zuletzt aufgerufen am 03.06.2014.

Abtei Mariawald (1962): Mariawald, Geschichte eines Klosters, Heimbach.

Brauksiepe, Bernd/ Neugebauer, Anton (1994): Klosterlandschaft Eifel, Historische Klöster und Stifte zwischen Aachen und Bonn, Koblenz und Trier, Regensburg.

Bieger, Thomas (1996): Management von Destinationen und Tourismusorganisationen, München/ Wien.

Brands, Evelyn (2006): Stauseen – die größten Gewässer im Nationalpark, in: Förderverein Nationalpark Eifel (Hrsg.): Tier- und Pflanzenwelt im Nationalpark Eifel, Ein Begleiter durch Wald Wasser und Wildnis (Schriftenreihe zum Nationalpark Eifel, Bd.1), Köln.

Brauksiepe, Bernd/ Neugebauer, Anton (1994): Klosterlandschaft Eifel, Historische Klöster und Stifte zwischen Aachen und Bonn, Koblenz und Trier, Regensburg.

Butz, Dagmar (1999): Das historische Kraftwerk Heimbach und die Stromerzeugung in der Nordeifel, in: Wasserverband Eifel-Rur (Hrsg.): 100 Jahre Wasserwirtschaft in der Nordeifel, Düren, S.48-50.

Claßen, Thomas (2006): Naturräumliche Grundlagen, in: Förderverein Nationalpark Eifel: Tier- und Pflanzenwelt im Nationalpark Eifel, Ein Begleiter durch Wald, Wasser und Wildnis (=Schriftenreihe zum Nationalpark Eifel, Bd. 1), Köln, S. 24-36.

Daheim, Josef/ Schmitz, Heinrich (1987[2]): Heimbach, Die Geschichte der Ortschaft und der nächsten Umgebung, in: Eifelverein (Hrsg.): Heimbach, Geschichte - Naturlandschaft – Der Luftkurort, Trier, S. 5-14.

Delonge, Angela/ Lenhardt, Anne (2014): Milliarden für die radelnden Touristen, in: Eifeler Zeitung, Nr. 117, S. 9.

Dettmar, Harald (1998): Tourismuswirtschaft: Arbeitsbuch für Studium und Praxis, Köln

Dreyer, Axel/ Linne, Martin (2004[3]): Servicequalität in Destinationen und Tourismusinformationsstellen, Theorie – Praxis – Mystery Guest-Fallstudien (=Schriftenreihe Dienstleistungsmanagement: Tourismus, Sport, Kultur, Bd.1), Hamburg.

Dürener Kreisbahn GmbH (o. J.): Mäxchen, Erlebnistouren durch den Nationalpark Eifel, im Internet abrufbar unter: http://www.dkb-dn.de/wissenwertes/mobilitaetsangebote/maexchen/, zuletzt aufgerufen am: 17.06.2014.

Dux, Holger A. (2011): Aachen und die Eifel (=Regionen in Nordrhein-Westfalen, Bd. 8), Münster.

Eifel Tourismus GmbH (o. J.): Portrait RurUferRadweg, im Internet abrufbar unter: http://www.eifel.info/itineraire-rurufer-radweg.htm, zuletzt aufgerufen am: 03.06.2014.

Eifeler Press Agentur (2014): Neues (Ferien-)Dorf für Heimbach, im Internet abrufbar unter: http://eifeler-presse-agentur.de/2014/04/neues-ferien-dorf-fuer-heimbach/, zuletzt aufgerufen am 07.06.2014.

Eisenbahn-Amateur-Klub Jülich e.V. (1978): 75 Jahre Düren – Heimbach, Geschichte einer Eisenbahnstrecke, Jülich.

Erdmann, Claudia/ Pfeffer, Karl-Heinz (1997): Eifel (= Sammlung Geographischer Führer, Bd. 16), Berlin/ Stuttgart.

Everling, Stephan (2014): Tourismus Ferienresort Eifeler-Tor eröffnet, im Internet abrufbarunter: http://www.ksta.de/aus-der-nachbarschaft/tourismus-ferienresort-eifeler-tor-eroeffnet,16064582,26832314.html, zuletzt aufgerufen am: 07.06.2014.

Jansen, Guido: In der Tourismus-Bundesliga angekommen, in: Eifeler Zeitung, Nr. 87, S. 9.

Freyer, Walter (2001): Tourismus, Einführung in die Fremdenverkehrsökonomie, München/ Wien.

Füth, Günther/ Füth, Jutta (2001): Spezielle Betriebswirtschaftslehre für Reiseverkehrs- und Tourismusunternehmen, Frankfurt a.M.

Gego, Marlon (2012): Das Geschäft der Holländer mit der Eifel, im Internet abrufbar unter: http://www.aachener-zeitung.de/lokales/eifel/das-geschaeft-der-hollaender-mit-der-eifel-1.429717, zuletzt aufgerufen am: 07.06.2014.

Geigant, Friedrich (1973[2]): Die Standorte des Fremdenverkehrs, Eine sozioökonomische Studie über die Bedingungen und Formen der räumlichen Entfaltung des Fremdenverkehrs, München.

Gemünd, Hans (1953): Sieben Seen der Eifel, Die Talsperren an Urft und Rur, Wittlich.

Gläser, Klaus (1970): Der Fremdenverkehr in der Nordwesteifel und seine kulturgeographischen Auswirkungen (=Aachener Geographische Arbeiten, H. 2), Wiesbaden.

Gossen, Anja (2011): Die Natur mit allen Sinnen genießen und fühlen, Wanderweg „Wilder Kermeter" setzt neue Maßstäbe in Sachen Barrierefreiheit, in: Wirtschaftliche Nachrichten der Industrie- und Handelskammer Aachen, 07/08 2011, S. 30-33.

Gut Kohnental (o. J.): Gut Kohnental, Urlaub auf dem Bauernhof, im Internet abrufbar unter: http://www.gut-kohnental-heimbach.de/, zuletzt aufgerufen am 29.06.2014.

Harrer, Bernhard (1998): Fahrradausflügler, in: Zeine, Manfred: Jahrbuch für Fremdenverkehr 1997, München, S. 131-142.

Information und Technik Nordrhein-Westfalen (2013): Gäste und Übernachtungen im Reiseverkehr NRWs, Februar 2013, im Internet abrufbar unter: https://www.destatis.de/GPStatistik/servlets/MCRFileNodeServlet/NWHeft_derivate _00006445/G413201302_A%20.pdf;jsessionid=93272D2AF9CAE08C4D146BD8E0 D645BB, S. 85, zuletzt aufgerufen am 19.06.2014.

IT.NRW (2014): Publikationen zu Gäste und Übernachtungen im Reiseverkehr NRWs, im Internet abrufbar unter: https://webshop.it.nrw.de/qsearch.php?keyword=G41, zuletzt aufgerufen am: 03.07.2014.

Jansen, Guido (2014): In der Tourismus-Bundesliga angekommen, in: Eifeler Zeitung, Nr. 87, S. 9.

John-Grimm, Marina (2006): Tourismus-Destinationen zwischen Profilierung und Austauschbarkeit, Ein geographischer Diskurs zu den aktuellen Herausforderungen auf dem Tourismusmarkt am Beispiel der Destination Hamburg, Hamburg.

Kirch, Gotthard (2006): Der Rureifel-Tourismus, Gemeinsame Entwicklungssschritte im Südkreis Düren, in: Kreis Düren (Hrsg.): Jahrbuch des Kreis Düren, Bd. 3, S. 24-28.

Kirch, Gotthard (2011): Die Wanderregion Rureifel rückt zusammen, Eifelverein, Tourismus und Kommunen modernisieren ihre Wanderwegenetz, in: Die Eifel, Zeitschrift des Eifelvereins, Jg. 106, H. 5, S. 2-7.

Klinkhammer, Elfriede (1987²): Die weißen Mönche von Mariawald, in: Eifelverein (Hrsg.): Heimbach, Geschichte – Naturlandschaft - Der Luftkurort, Trier, S. 35-40.

Klinkhammer, Gudrun (2013): Neues Feriendorf kostete 48 Millionen, „Landal Resort Eifeler Tor" in Heimbach, im Internet abrufbar unter: http://www.ksta.de/aus-der-nachbarschaft/-landal-resort-eifeler-tor--in-heimbach-neues-feriendorf-kostete-48-millionen,16064582,25627344.html, zuletzt aufgerufen am: 07.06.2014.

Kreis Düren (Hrsg., o. J.): Wanderlust, im Internet abrufbar unter: http://www.kreis-dueren.de/tourismus/wanderlust.php, zuletzt aufgerufen am: 03.07.2014.

Kroener, Hans-Eberhard (1977): Luftbild: Rurstausee Schwammenauel, Hochwasserschutz, Wasserversorgung und Freizeiteinrichtungen in der Eifel, in: Informationen und Materialien zur Geographie der Euregio Maas-Rhein, H. 3, S. 44-47.

Landal Greenparks (o. J.): Ferienparks, im Internet abrufbar unter: http://www.landal.de/de-de/ferienparks/landkarte, zuletzt aufgerufen am: 04.07.2014.

Landal GreenParks (o. J.): Parkplan & Einrichtungen, im Internet abrufbar unter: http://www.landal.de/db/pdfs/data/id/filename/ETR_Plat.pdf, zuletzt aufgerufen am: 06.07.2014

Landesbetrieb Wald und Holz NRW (2008): Nationalparkplan, Leitbild und Ziele, Bd. 1, im Internet abrufbar unter: http://www.nationalpark-eifel.de/data/inhalt/NLPP_Druck_27_3_08_web_955_1269356454.pdf, zuletzt aufgerufen am: 27.06.2014.

Landesbetrieb Wald und Holz NRW (2012): 1. SÖM-Bericht (2004-2010), Ergebnisse des Sozioökonomischen Montorings der ersten sieben Nationalparkjahre, im Internet abrufbar unter: http://www.nationalpark-eifel.de/data/inhalt/1_SOeM-Bericht_Webversion_1329901087.pdf, zuletzt aufgerufen am 27.06.2014.

Leder, Susanne (2003): Wandertourismus, in: Becker, Christoph/ Hopfinger, Hans/ Steinecke, Albrecht: Geographie der Freizeit und des Tourismus, Bilanz und Ausblick, München/ Wien, S. 320-330.

Lorbach, Christoph (2002): Ein Nationalpark aus Sicht von Gebietskörperschaften, in: Natur- und Umweltschutz-Akademie des Landes Nordrhein-Westfalen (NUA,

Hrsg.): Nationalpark Eifel, Eine Idee nimmt Gestalt an (=NUA Seminarbericht, Bd.8), Hamm, S. 66-71.

Müller, Georg (1963): Die wirtschaftliche Entwicklung in den Fördergebieten des Bundes, Einzeluntersuchungen ausgewählter Gebiete, Bd. 1, Eifel (=Mitteilungen aus dem Institut für Raumforschung, H. 50), Bad Godesberg.

Müller, Hansruedi (2002[9]): Freizeit und Tourismus, Eine Einführung in Theorie und Politik (=Berner Studien zu Freizeit und Tourismus, H. 41), Bern.

Nationalparkverwaltung (o. J.): Nationalpark-Tore, im Internet abrufbar unter: http://www.nationalpark-eifel.de/go/eifel/german/Infothek/Nationalpark__mit__Tore.html, zuletzt aufgerufen 27.06.2014.

o. A. (1908[6]): Führer durch das ganze Gebiet der Urft-Talsperre umfassend die Ortsgruppen des Eifel-Vereins Call, Gemünd, Heimbach, Nideggen, Schleiden mit vielen Ansichten, Gemünd.

o. A. (2012): Rureifel-Tourismus, Fast 200.000 Übernachtungen, im Internet abrufbar unter: http://www.aachener-nachrichten.de/lokales/dueren/rureifel-tourismus-fast-200000-ubernachtungen-1.419856, zuletzt aufgerufen am 20.06.2014.

o. A. (2014): Bike-Highlight in jedem Gang, in: Rureifel Tourismus e.V. (Hrsg.): Urlaubsmagazin, o.O., S. 20-21.

o. A. (2014): Eifel als „Lokomotive für NRW-Tourismus, Zuwachs von 5,3 Prozent, in: Kölnische Rundschau, im Internet abrufbar unter: http://www.rundschau-online.de/eifelland/zuwachs-von-5-3-prozent-eifel-als--lokomotive--fuer-nrw-tourismus,16064602,26517706.html, zuletzt aufgerufen am: 03.07.2014.

Pardey, Andreas/ Röös, Michael (2006): Prozessschutz und Waldentwicklung, in: Förderverein Nationalpark Eifel (Hrsg.): Tier- und Pflanzenwelt im Nationalpark Eifel, Ein Begleiter durch Wald, Wasser und Wildnis (=Schriftenreihe zum Nationalpark Eifel, Bd.1), Köln, S. 37-44.

Pfeifer, Maria A. et al. (2003): ThemenTouren Eifel, Rureifel, Köln.

Polczyk, Herbert (1999): Die Talsperren der Nordeifel, in: WVER (Hrsg.): 100 Jahre Wasserwirtschaft in der Nordeifel, Düren.

Ritter, Wigand/ Frowein, Michael (1992): Reiseverkehrsgeographie, Bad Homborg von der Höhe.

Rureifel Tourismus e.V. (o. J.): Nationalpark-Tor Heimbach, Waldgeheimnisse, im Internet abrufbar unter: http://www.rureifel-tourismus.de/rureifel/tourist-info/nationalpark-tor-heimbach.html, zuletzt aufgerufen am 29.06.2014.

Rursee-Schifffahrt KG (o. J.): Eifeler Seenplatte, im Internet abrufbar unter: http://www.rurseeschifffahrt.de/index.php?eifeler-seenplatte, zuletzt aufgerufen am 20.06.2014.

Rursee-Schifffahrt KG (2014): Rurseebahn, im Internet abrufbar unter: http://www.rurseeschifffahrt.de/index.php?rursee-bahn, zuletzt aufgerufen am 17.06.2014.

Rurtalbahn GmbH (o. J.): Die Rurtalbahn – Verbindung zwischen der Börde-Region und der Nordeifel, im Internet abrufbar unter: http://www.rurtalbahn.de/unternehmen/historie, zuletzt aufgerufen am: 06.06.2014.

Rurtalbahn GmbH (o. J.): Tarife und Tickets, im Internet abrufbar unter: http://www.rurtalbahn.de/personenverkehr_1/tarifeundtickets, zuletzt aufgerufen am 03.07.2014.

RWE AG (o. J.): Wasserkraftwerk Heimbach, im Internet abrufbar unter: https://www.rwe.com/web/cms/de/458088/rwe-innogy/anlagen/wasserkraftwerke/deutschland/rur-rurnebenfluesse/kraftwerk-heimbach/, zuletzt aufgerufen am: 29.05.2014.

Schatz, Oskar (1963): Die Eifeltalsperren, in: Schramm, Josef (Hrsg.): Die Eifel, Land der Maare und Vulkane, Essen, S. 254-265.

Schepp, Heiner (2014): Perlenbachwerk-Auf einen Schlag 100 Neukunden, in: Eifeler Zeitung, Nr. 91, S.15.

Scherhag, Knut (2003): Destinationsmarken und ihre Bedeutung im touristischen Wettbewerb, Köln.

Schiffer, Hans-Peter (2006²): Das Urfttal in der Eifel, Landschaft – Natur - Geschichte, Weilerswist.

Schmidt, E./ Stadt Heimbach (2012): Stadtplan Details, im Internet abrufbar unter: http://www.heimbach-eifel.de/data/dokumente/Stadtplan_Heimbach_2012_WEB_R_1_1334832409.pdf, zuletzt aufgerufen am: 06.07.2014.

Schmitz, E. (2002): Wassererlebnis Heimbach, in: Maas-Rhein-Institut (Hrsg.) Informationen und Materialien zur Geographie der Euregio Maas-Rhein, H. 50, S. 47-52.

Schmitz, Josef (2006): Die kleine, groß gewordene Eifel, in: Kreisverwaltung Vulkaneifel (Hrsg.): Heimatjahrbuch 2006, Daun, S. 12.

Schmude, Jürgen/ Namberger, Philipp (2010): Tourismusgeographie, Darmstadt.

Schramm, Josef (1987²): Die Talsperren der Nordeifel, in: Eifelverein (Hrsg.): Heimbach, Geschichte-Naturlandschaft-Der Luftkurort, Trier, S. 95-104.

Schreiber, T. (1991): Die Euregio Maas-Rhein im Luftbild, Bild 35: Heimbach/ Rureifel, in: Maas-Rhein-Institut (Hrsg.) Informationen und Materialien zur Geographie der Euregio Maas-Rhein n: Informationen und Materialien zur Geographie der Euregio Maas-Rhein, H. 29, S. 47-50.

Schröder, Günter (1998³): Lexikon der Tourismuswirtschaft, Hamburg.

Schwieren-Höger, Ulrike (2007): Nationalpark Eifel und seine neun Städte und Gemeinden, Natur- und Kulturführer, Düsseldorf.

Silberer, Elke (2010): Kein Preußisch Sibirien mehr, Die Eifel ist im Kommen, im Internet abrufbar unter: http://www.aachener-zeitung.de/lokales/eifel/kein-preussisch-sibirien-mehr-die-eifel-ist-im-kommen-1.350674, zuletzt aufgerufen am: 30.06.2014.

Stadt Heimbach (2012): Masterplan Stadtkern Heimbach, Aachen.

Stadt Heimbach (o. J.): Burg Hengebach, im Internet abrufbar unter: http://www.heimbach-eifel.de/go/tourismus-sehenswuerdigkeiten-details/12_burg_hengebach.html, zuletzt aufgerufen am: 17.06.2014.

Stadt Heimbach (o. J.): Gastronomie, im Internet abrufbar unter: http://www.heimbach-eifel.de/go/tourismus-gastronomie/~/10.html, zuletzt aufgerufen am:03.07.2014

Stadt Heimbach (o. J.): Historie, im Internet abrufbar unter: http://www.heimbach-eifel.de/go/lokales-historie.html, zuletzt aufgerufen am: 29.06.2014.

Stadt Heimbach (o. J.): Tagestouren, im Internet abrufbar unter: http://www.heimbach-eifel.de/go/tourismus-tagestouren.html, zuletzt aufgerufen am: 29.06.2014.

Stadt Heimbach (o. J.): Unterkunftsbetriebe, im Internet abrufbar unter: http://www.heimbach-eifel.de/go/tourismus-unterkuenfte.html, zuletzt aufgerufen am 29.06.2014.

Steinecke, Albrecht (2011[2]): Tourismus, Braunschweig.

Steinecke, Albrecht (2013): Destinationsmanagement, Konstanz/ München.

Stollenwerk, Peter (2014): Motorradsaison, Lärmbelästigung kein Grund für Streckensperrungen, im Internet abrufbar unter: http://www.aachener-zeitung.de/lokales/eifel/motorradsaison-laermbelaestigung-kein-grund-fuer-streckensperrungen-1.802472, zuletzt aufgerufen am: 30.06.2014.

Trägerverein Internationale Kunstakademie Heimbach/Eifel e.V. (Hrsg.; o. J.): Akademie, im Internet abrufbar unter: http://www.kunstakademie-heimbach.de/akademie.html, zuletzt aufgerufen am 29.06.2014.

Tyroller, Stefanie/ Online Redaktion (2010): Niederländer in der deutschen Grenzregion, im Internet abrufbar unter: http://www.unimuenster.de/NiederlandeNet/nl-wissen/freizeit/vertiefung/tourismus/nlingrenregionde.html, zuletzt aufgerufen am 19.06.2014.

Vellen, Hans et al. (1987²): Burg Hengebach, in: Eifelverein (Hrsg.): Heimbach, Geschichte – Naturlandschaft - Der Luftkurort, Trier, S. 15-22.

Vellen, Hans (1987²): Der Kermeter, in: in: Eifelverein (Hrsg.): Heimbach, Geschichte-Naturlandschaft-Der Luftkurort, Trier, S. 83-94.

Vellen, Hans (1987²): Luftkurort Heimbach, in: Eifelverein (Hrsg.): Heimbach, Geschichte - Naturlandschaft – Der Luftkurort, Trier, S. 105-107.

Verein zur Förderung des Hotel- und Gastgewerbes e.V. (1969): Strukturuntersuchung Nordeifel, Teil II, Düsseldorf.

Wendt, Christoph (2012): Heimbach und die Rureifel, Streifzüge und Entdeckungen, Aachen.

Woike, Martin/ Pardey, Andreas/ Wolff-Straub, Rotraud (2002): Die Rureifel zwischen Kermeter und Vogelsang als Nationalpark, Plädoyer für einen Nationalpark in der Eifel, in: Natur- und Umweltschutz-Akademie des Landes Nordrhein-Westfalen (NUA, Hrsg.): Nationalpark Eifel, Eine Idee nimmt Gestalt an (=NUA Seminarbericht, Bd.8), Hamm, S. 19-38.

Wolf, Klaus/ Jurczek, Peter (1986): Geographie der Freizeit und des Tourismus, Stuttgart.

WVER (o. J.): Rurtalsperre, im Internet abrufbar unter: http://www.wver.de/talsperren/rurtalsperre.php, zuletzt aufgerufen 03.07.2014.

9. Verzeichnis der Gesprächspartner

Ailer, Inge (2014): Inhaberin Kreativstübchen, 23.05.2014.

Halleck, Ronald (2014): Inhaber Haus Thymian. 05.06.2014.

Kaufman, Katryn (2014): Inhaberin Hotel „Hinter den Spiegeln", 05.06.2014.

Kirch, Gotthard (2014): Geschäftsführer bei Rureifel Tourismus e.V., 13.06.2014.

Weber, Adrian (2014): Landhaus Weber, 05.06.2014.

Wergen, Philipp (2014): Teilinhaber Heimbacher Campingplatz, 05.06.2014.

van der Heijden, Serge (2014): Manager des Ferienresorts Eifeler Tor, 13.06.2014.

11.   Anhang

a) Karte: Stadtplan Gemeinde Heimbach (Quelle: Schmidt, E./ Stadt Heimbach (2012))

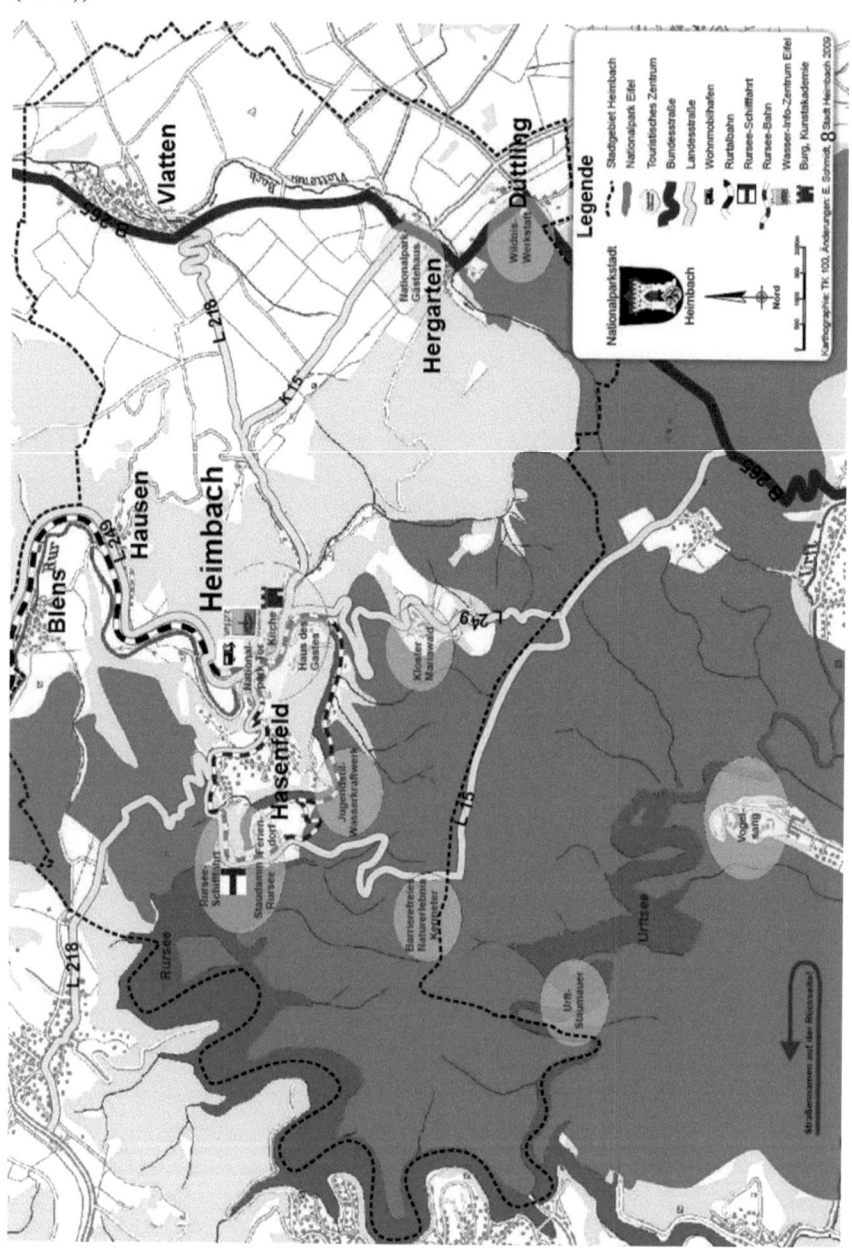

Karte: Die ÖPNV-Verbindung in Heimbach und im Nationalpark Eifel (Quelle:

Aachener Verkehrsverbund GmbH 2015:72f)

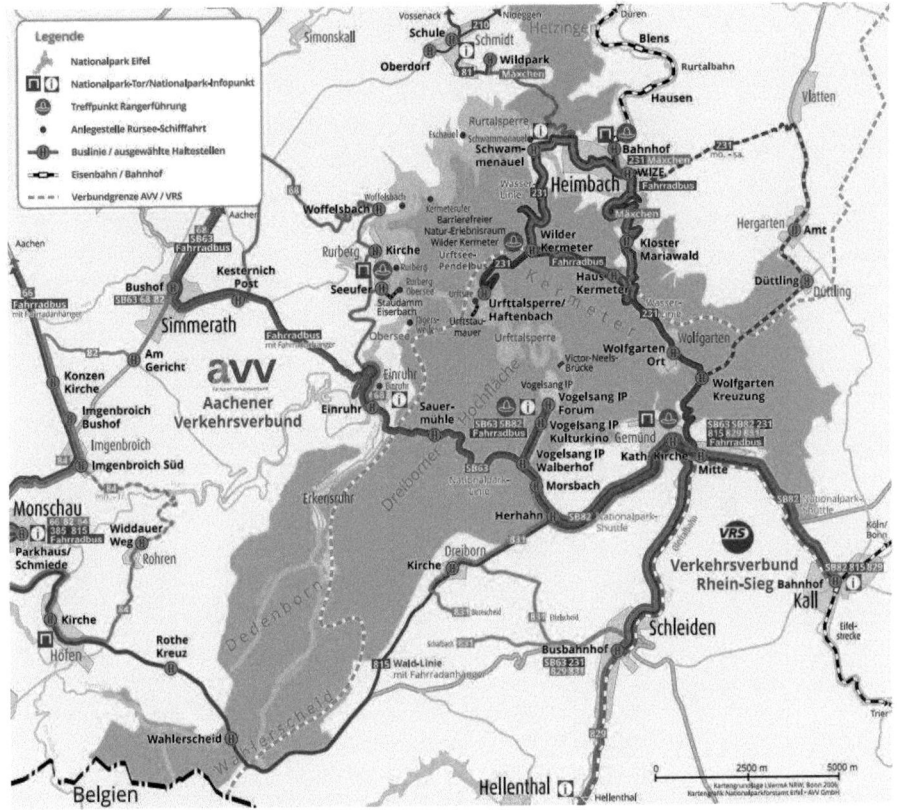

c) Schaubild: Parkplan Ferienresort Eifeler Tor (Quelle: Landal Greenparks (o. J.b))

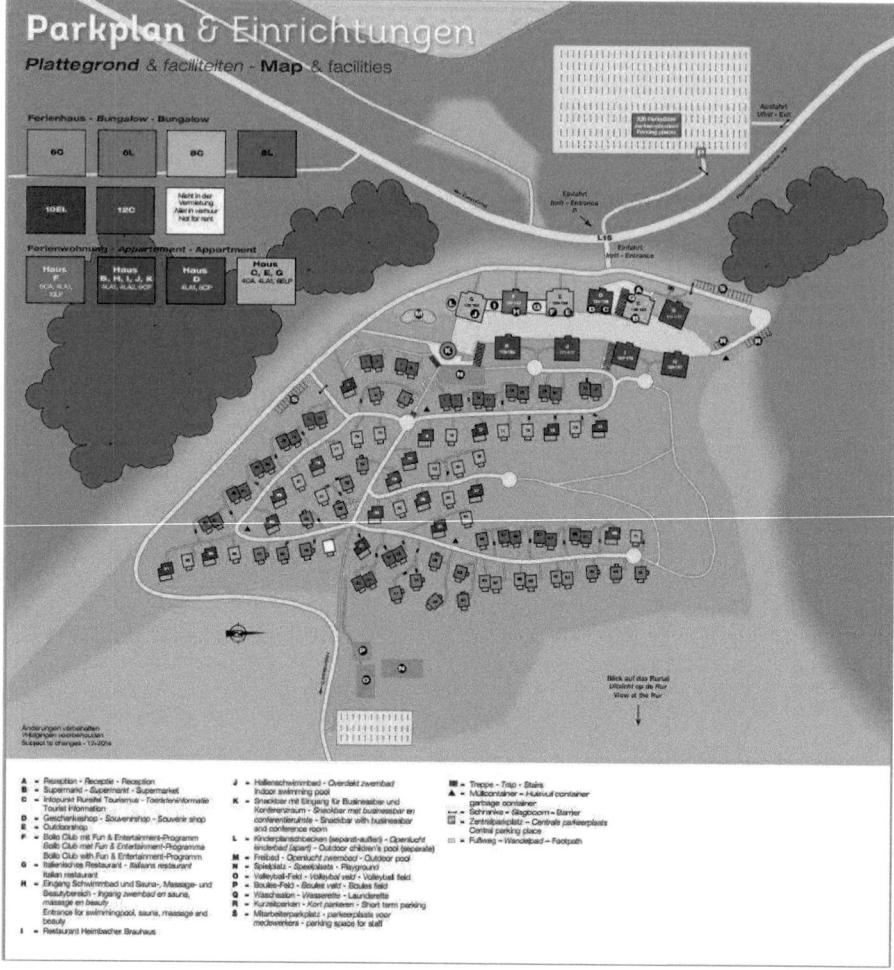

d) Interviewleitfaden

Im Allgemeinen erfolgte der Großteil der Fragestellung bei den jeweiligen Interviews gleich, jedoch mussten angesichts der unterschiedlichen Bereiche die Fragen jeweils angeglichen werde.

Gruppe 1: Beherbergungswesen, Gastronomie

1. Wie lange existiert Ihr Betrieb? Ist dies ein Familienbetrieb?
2. Stammen Sie selber aus Heimbach oder aus der Umgebung?
3. Wieviele Zimmer/ Betten/ Stellplätze/ Tische haben Sie?
4. Warum befindet sich Ihr Betrieb genau an diesem Standort?
5. Woher kommen Ihre Gäste?
6. Wie lange bleiben die Gäste im Durchschnitt
7. Unterscheiden sich die Ansprüche der Gäste voneinander?
8. Sind die auf gesonderte Gäste spezialisiert?
9. Planen Sie Aktionen für neue Kunden?
10. Kooperieren Sie mit Anbietern anderer/weiterer touristischer Leistungen?
11. Haben Sie Veränderungen des Tourismus in Heimbach in den letzten Jahren bemerken können?
12. Gibt es Ihrer Meinung nach in einigen Fällen Handlungsbedarf? Wenn ja, welche wären dies?
13. Wie ist Ihre Meinung zum Landal-Resort "Eifeler Tor"?

Im Falle von Campingplätzen wurde desgleichen eine weitere Frage hinzugefügt:
14. Wie ist das Verhältnis von Dauercamper zu zeitlich begrenzten Besucher?

Im Hinblick auf den Einzelhandel:
15. Was umfasst ihr Sortiment?
16. Unternehmen sie weitere Maßnahme hinsichtlich der zunehmenden Anzahl von niederländischen Touristen?

Gruppe 2: Geschäftsführer Rureifel Tourismus e.V.

1. Wie lief die Entwicklung des Tourismus in Heimbach?
2. Woher kommen die Touristen? Mehr aus der direkten Umgebung? Wie sieht es mit dem Anteil niederländischer Touristen aus?
3. Wie lange bleiben die Besucher im Durschnitt?
4. Was suchen Touristen hier in Heimbach? Erholung/ Aktion/ Kulturell?
5. Wie die allgemeine Ansicht zu Landal? Was versprechen Sich andere Betreiber davon?
6. Wie war der niederländische Tourismus in Heimbach vor dem Ferienresort Eifeler Tor?
7. Wie Umgang mit den neuen Touristenzielgruppen (Niederländer)?
8. Warum meinen Sie, ist die Eifel bei den Niederländern so beliebt?
9. Sind Probleme bzgl. des Tourismus in Heimbach vorzufinden und existieren Pläne um diese zu lösen?

Gruppe 3: Manager des Resorts Eifeler Tor, Serge van der Heijden

1. Wie viele Besucher können maximal untergebracht werden? Wie ist die Erwartung bzgl. der Übernachtungen für dieses Jahr?
2. Woher stammen die Besucher? Nur Niederländer?
3. Haben Sie eine bestimmte Zielgruppe? (Familien, Senioren etc.)
4. Ist eine Saisonalität zu verzeichnen? Wie ist der Auslastungsgrad über das Jahr verteilt?
5. Warum meinen Sie, ist die Eifel bei den Niederländern so beliebt?
6. Warum haben Sie Heimbach als Standort gewählt? Warum genau dort am Staudamm und nicht woanders? Gründe/ Einflussfaktoren für Standortwahl
7. Wie sind Sie auf Heimbach aufmerksam geworden?
8. Gab es andere Optionen für die Standortwahl oder von vornerein nur Heimbach?
9. Können Sie kurz erläutern: Entwicklung, Planung, Bau (Zeit, Kosten)

10. Gab es hierbei Konflikte? (Naturschutz, (Unterkunfts-)Betreiber in Heimbach(Konkurrenz?))

11. Wie die allgemeine Meinung zu Landal? Was versprechen Sich andere Betreiber davon?

12. Was trägt die Stadt Heimbach dazu bei? Bau/ Ausweitung/ Verbesserung der Infrastruktur etc.? Wie ist generell die Abstimmung zur Stadt?

13. Wie ist Landal organisatorisch aufgebaut? Wie ist das Verhältnis von Landal zu Dormio?

14. Wie viele Angestellte haben Sie im Resort Eifeler Tor?

15. Wie ist der Ablauf der Vermietung bzw. Verkauf? - Preise?

16. Haben Sie bereits Pläne für die Zukunft? Erweiterung? - Zielsetzung, Erwartungen, Hoffnungen

e) Umfrage für die Besucher in der Gemeinde Heimbach

Befragt wurden die Reisenden an unterschiedlichen Standorten: Zum einen im Nationalpark- Tor und in der Nationalpark-Infostelle im Resort, an den großen Parkplätzen „Über Rur" und „An der Laag", im Tretbootverleih Pütz im Staubecken Heimbach und während Streifzügen durch die Stadt. In den beiden Tourist-Informationsstellen und im Tretbootverleih wurden jeweils 30 Umfragen in deutscher, niederländischer und englischer Sprache ausgelegt und die jeweiligen Reisen daraufhin gewiesen (demzufolge insgesamt 270). Hinzukamen noch weitere durch direkten Kontakt bei einem selbstständigen Aufenthalt in der Stadt. Das Endergebnis dieser Umfrage waren 56 ausgefüllte Fragebögen, die jedoch qualitativ die Strukturen des aktuellen Tourismus aufweisen.

<u>Fragebogen</u>

Sehr geehrte Damen und Herren,

mein Name ist Elena Schütt und ich studiere zurzeit im 6. Semester Geographie an der RWTH Aachen. Diesbezüglich beschäftige ich mich momentan mit meiner Abschlussarbeit, welche den Tourismus in der Rureifel (besonders in Heimbach) untersucht. Hierzu wäre ich Ihnen sehr dankbar, wenn Sie sich kurz Zeit nehmen würden und die folgenden Fragen beantworten. Die Antworten werden ausschließlich anonym für die Auswertung verwendet! Vielen herzlichen Dank und einen schönen Aufenthalt in Heimbach und der Rureifel!

Allgemeine/ Sozialdemographische Angaben

Geschlecht m ◯ w ◯

Alter 0 -15◯ 16-25 ◯ 26-35◯ 36-50◯ 51-65◯ >65◯

Herkunft Deutschland PLZ_____

Niederlande ◯

Belgien ◯

Anderes europ. Land_____

Andere Nation_____

Beruf Arbeiter ◯ Hausfrau/-mann ◯ Schüler ◯

Angestellter ◯ Rentner ◯ Student/ Azubi◯

Beamter ◯ nicht erwerbstätig ◯ Enthaltung ◯

Sind Sie in einer Gruppe unterwegs oder Einzeln? Gruppe ◯ Einzeln◯

Enthaltung ◯

<u>Wenn in einer Gruppe, Anzahl der Personen</u> 2 ◯ 3-5 ◯ 6-10 ◯ >10 ◯

Gruppenart Partnerschaft ◯ Familie ◯ Verein ◯ Freunde ◯

sonstige Gruppen_____

<u>Reiseverhalten</u>

Sind Sie das erste Mal in Heimbach? Ja ◯ Nein ◯

<u>Wenn nein, wie oft waren Sie bereits in Heimbach?</u> 1-2x ◯ 3-5x ◯ 6-10x ◯ >10x ◯

Sind Sie das erste Mal in der Rureifel? Ja ◯ Nein ◯

<u>Wenn nein, wie oft waren Sie bereits in der Rureifel?</u> 1-2x ◯ 3-5x ◯ 6-10x ◯ >10x ◯

<u>Und wo?</u>_____

Wie sind Sie auf Heimbach/ Rureifel aufmerksam geworden? *(mehrere Nennungen möglich!)*

IX

Internet   O   Printmedien(Zeitung etc.) O   Freunde/Bekannte O

Fernsehen O   Radio   O   sonstige _____

Wann haben Sie die Reise geplant? _____

Selbstständige Buchung oder über ein Reisebüro?   PersönlichO   Reisebüro   O

           sonstiges _____

Wie lange beträgt Ihre Aufenthaltsdauer?   Tagesausflug O   2-3 Tage O   4-6T. O   6T. O

Wenn mit Übernachtungen, welche Unterkunftsart haben Sie gewählt?

Campingplatz O   Ferienwohnung O   Pension   O

Hotel   O   Resort   O   sonstige _____

Welches Verkehrsmittel haben Sie zur Anreise gewählt?

PKW   O   Zug   O   Reisebus   O   sonstiges _____

Warum haben Sie sich für Aufenthalt in Heimbach entschieden?

Tagesausflug O   Urlaub O   Beruflich O   Kulturell   Osonstiges _____

Warum haben Sie Heimbach bzw. die Rureifel ausgewählt? *(mehrere Nennungen möglich!)*

Natur & Landschaft   O   Wandern   O   Wassersport   O

Erholung   O   Rad   O   andere Sportarten   O

Kult. Angebot   O   Klettern   O

Sonstiges _____

Welche Sehenswürdigkeiten in Heimbach sind für Ihren Besuch (besonders) wichtig?

(mehrere Nennungen möglich!)

Kunstakademie   O   generell Burg Hengebach   O   Abtei Mariawald   O

Kirche St. Clemens   O   Salvatorkirche   O   Wasser-Info-Zentrum O

Kraftwerk Heimbach O   Haus des Gastes   O   Kurpark   O

Sonstiges _____

Welche Aktivitäten haben Sie bereits gemacht?

Wandern   O   Wassersport   O   Rad   O   sonstiger SportO

Gastronomie O   Sehenswürdigkeiten   O   kleiner Stadtrundgang   O

Sonstiges _____

Kombinieren Sie Ihren Aufenthalt in Heimbach mit weiteren Angeboten in der Umgebung?

Ja ○   Nein ○

Wenn ja, welche Sehenswürdigkeiten werden Sie noch besuchen? *(mehrere Nennungen möglich!)*

Nationalpark ○   Rursee   ○   Vogelsang ○   Monschau ○

Landesgartenschau Zülpich ○   Andere Städte_____

Weitere Sehenswürdigkeiten_____

Subjektive Sachverhalte

Urteil über tourist. Angebot:

	ideal	gut	ausbaufähig	kein Urteil möglich
Info vor Ort	○	○	○	○
Beschilderung	○	○	○	○
Freizeitangebote	○	○	○	○
kult. Angebot	○	○	○	○
Gastronomie	○	○	○	○
Unterkunft	○	○	○	○
Insgesamt	○	○	○	○

Wenn bei einem o. mehr Punkten „ausbaubar", können Sie Beispiele benennen?

_____

_____

Was hat Ihnen (bis jetzt) am besten gefallen?

Natur & Landschaft ○   Wandern ○   Unterkunft ○

Erholung/ Ruhe ○   Rad fahren   ○   Gastronomie ○

sonstiger Sport_____

Sehenswürdigkeiten ○   Gastfreundlichkeit ○   Sauberkeit ○

sonstiges_____

Sind Sie mit unerfreulichen Gegebenheiten konfrontiert worden? Ja○   Nein ○

Wenn ja, mit was genau?

Verkehr ○   Parkmöglichkeiten ○   ÖPNV-Verbindungen ○   Wetter ○

Beschilderung○   Gastronomie ○   Unterkunft   ○   Preise ○

sonstiges_____

Würden Sie wiederkommen?   Ja ○   Nein ○   Vielleicht ○

Würden Sie Heimbach/ die Rureifel weiterempfehlen? Ja○   Nein ○   Vielleicht ○

| Gesamtbewertung für Heimbach | ☹ 1 – 2 – 3 – 4 – 5 – 6 – 7 – 8 – 9 – 10 ☺ |
| Gesamtbewertung für die Rureifel | ☹ 1 – 2 – 3 – 4 – 5 – 6 – 7 – 8 – 9 – 10 ☺ |

Platz für weitere Kommentare:

_____

_____

_____

_____

_____

Noch einmal ein recht herzliches Dankeschön und noch einen schönen Tag bzw. weitere schöne Tage in Heimbach bzw. in der gesamten Rureifel!

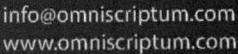